Mensch, Hund!

Mensch, Hund!

Vera Bürgi, Maja Storch, Steve Lautz

Vera Bürgi
Maja Storch
Steve Lautz

MENSCH, HUND!

Der ZRM®-Reiseführer für beste Freunde

hogrefe

Maja Storch
maja.storch@ismz.ch

Vera Bürgi
vera@zrm-mensch-hund.ch

Steve Lautz
st.gallen@martinruetter.com

Bibliografische Information der Deutschen Nationalbibliothek
Die Deutsche Nationalbibliothek verzeichnet diese Publikation in der Deutschen Nationalbibliografie; detaillierte bibliografische Daten sind im Internet über http://www.dnb.de abrufbar.

Anregungen und Zuschriften bitte an:
Hogrefe AG
Lektorat Psychologie
Länggass-Strasse 76
3012 Bern
Schweiz
Tel. +41 31 300 45 00
info@hogrefe.ch
www.hogrefe.ch

Lektorat: Dr. Susanne Lauri
Bearbeitung: Maria Schorpp, Konstanz
Herstellung: René Tschirren
Umschlagabbildung und -gestaltung: Claude Borer, Riehen
Illustration (Innenteil): Claude Borer, Riehen
Satz: Claude Borer, Riehen
Druck und buchbinderische Verarbeitung: AZ Druck und Datentechnik GmbH, Kempten
Printed in Germany

1. Nachdruck 2023 der 1. Auflage 2022

(E-Book-ISBN_PDF 978-3-456-96180-4)
(E-Book-ISBN_EPUB 978-3-456-76180-0)
ISBN 978-3-456-86180-7
https://doi.org/10.1024/86180-000

INHALT

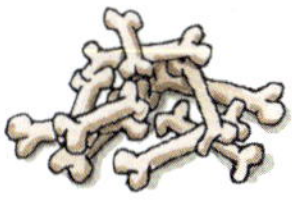

Für Pepe, Simon und Tiago

VORWORT

Maja Storch

Dieses Buch atmet Liebe. Aus jeder Zeile, aus jeder Seite, auf dem Umschlag, aus jeder Zeichnung. Zugegeben: Ich drücke das ein wenig pathetisch aus, aber mir ist so zumute. So viel Zuwendung und ernsthaftes Bemühen um Verständnis für die Beziehung zwischen Mensch und Hund ist in diesem Buch zu finden, dass auf jeden Fall ein Funke davon überspringt, wenn man es zur Hand nimmt.

Alle, die an diesem Buch beteiligt waren, sind durch eine Gemeinsamkeit verbunden: durch die außerordentliche Sympathie für Hundewesen und durch eine ganz bestimmte Vorstellung davon, wie sich eine Verbindung zwischen Mensch und Tier zu gestalten hat. Alle sind wir überzeugt, dass es beim Hundeführen nicht darum geht, Macht und Dominanz über ein Tier auszuüben. Gleichzeitig wollen wir uns aber nicht von einem unbefriedigenden Hundealltag tyrannisieren lassen. Uns allen steht der Sinn nach einem freudvollen und friedlichen Zusammenleben. Das ist ein schönes Ziel, aber man muss auch wissen, wie man so ein Ziel in erreichbare Nähe rücken kann.

Von pauschalen Tipps und Tricks der Marke „Das macht man immer so!“ halten wir nicht viel, wenn es um den Aufbau der individuellen Beziehung zum Vierbeiner geht. Wer schon mehrere Hunde in seinem Leben hat beherbergen dürfen, weiß, wie verschieden Hunde sind. In diesem Punkt geht es den Hunden wie den Menschen. Jeder Hund ist einzigartig und jeder Mensch ebenfalls. Und darum ist auch jede Beziehung Mensch-Hund immer eine kleine, einmalige Kostbarkeit, die es kein zweites Mal gibt.

Einen Hund zu lieben, heißt nicht, ihn zu verhätscheln oder ihm keine Grenzen zu setzen. Einen Hund richtig zu lieben heißt, mit dem Tier zusammen einen Weg zu gehen, auf den man sich einlässt und der einen selbst verändern kann. Das Schreiben dieses Buches hat auch uns Schreibende verändert. Wir haben voneinander gelernt und uns aneinander gefreut. Unser gemeinsames Wachstum war behutsam, respektvoll und sorgfältig – ein Geschenk.

Mein ganz besonderer Dank gilt unserem hingebungsvollen Zeichner, Herrn Claude Borer, der mit größter Liebe zum Detail wunderschöne Bilder geschaffen hat. Mein Tipp: Nehmen Sie sich die Zeit und schauen Sie seine Bilder in Ruhe an, Sie werden viele Kleinigkeiten entdecken, die Sie zum Schmunzeln bringen oder die Sie anrühren. Nur ein wahrer Hundefreund kann sich solche Zeichnungen einfallen lassen. Durch ihn wird dieses Buch zu einem Kleinod.

Und dann schließen wir natürlich auch Sie, liebe Leserin, lieber Leser, in unsere euphorische Wolke mit ein. Es freut und beglückt uns, dass es Menschen gibt, die unsere Vorstellung vom Umgang Mensch-Hund teilen. Es erfüllt uns mit Zuversicht, dass Sie an der Beziehung zu Ihrem Vierbeiner arbeiten wollen und am Ball bleiben, auch wenn es schwierig wird. Weil so eine liebevolle und einzigartige Möglichkeit der gegenseitigen Verständigung entstehen kann.

Sommer 2022

ZRM: Schlüssel zum Urvertrauen

Steve Lautz

Der Anruf kam von einer unbekannten Nummer. Ich nahm das Gespräch an. Die Frau am anderen Ende der Leitung gab mir zunächst einmal Rätsel auf.

ZRM? Noch nie gehört. Zürcher Ressourcen Modell? Keine Ahnung. Da will mir wohl jemand wieder irgendeinen Hokuspokus andrehen, dachte ich und überlegte mir schon, wie ich möglichst elegant aus der Nummer rauskomme. Doch etwas ließ mich zögern – zunächst fiel mir diese warme, freundliche Stimme auf, dann riefen bestimmte Begriffe mein Interesse wach. Die Stimme sagte: „In Beziehung treten", „Lernprozesse fördern", „positive Erfahrungen schaffen"...

Da ist jemand auf dem richtigen Weg, erkannte ich. Gleichzeitig wich meine spontane Skepsis einer wachsenden Neugier. Ich wollte wissen, worum es da ging, und wollte erfahren, wie das Buchstaben-Trio ZRM zur Wort-Paarung „Mensch, Hund!" führt. Unter diesem Titel, sagte die Frau, wolle sie ein Buch verfassen, und sie bat mich, sie bei ihren Recherchen zu unterstützen.

Jetzt hatte sie meine uneingeschränkte Aufmerksamkeit gewonnen; denn die Pflege der Beziehung zwischen Mensch und Hund ist mir mehr als nur ein Anliegen – es ist meine Leidenschaft.

Das Zürcher Ressourcen Modell, fuhr die Anruferin fort, sei eine Selbstmanagement-Methode, die an der Uni Zürich erfunden worden sei. Mit dem ZRM ließen sich innere Haltungen beeinflussen, die sich unbewusst eingeschlichen haben und zu Störfaktoren geworden seien. Sie selbst sei als ZRM-Coach tätig und habe erstaunliche Resultate mit Zweibeinern erzielt. Als Hundehalterin sei sie überzeugt, dass auch unsere vierbeinigen Begleiter von dieser Methode profitieren könnten: Für die Hingabe, mit welcher der Hund den Menschen begleite, könne dieser sich bedanken, indem er den treuen Freund möglichst souverän führe.

Insbesondere, fuhr sie fort, würde es sie interessieren, wie das ZRM konfliktbelastete Mensch-Hund-Beziehungen unterstützen könne. Sie habe die starke Vermutung, dass das Zürcher Ressourcen Modell eine Lücke schließen werde, vor der wir allzu oft ratlos stehen bleiben würden – wir alle: Hundehalter, Hundetrainerinnen und auch die Hunde selbst. Um ihre These zu erhärten, mache sie sich jetzt auf die Suche nach konkreten Beispielen. Und sie bat mich, ihr entsprechende Fälle zu vermitteln. Sie wolle Hundehalter kennenlernen, die nicht so gut mit ihrem Hund könnten, wie sie gerne würden.

Spontan fielen mir ein paar Namen von Hunden und Menschen ein, deren Beziehungen sich als so schwierig erwiesen hatten, dass ich als Hundetrainer nahe dran war, die Hoffnung aufzugeben.

„Klingt interessant“, sagte ich. „Da lässt sich durchaus was machen.“

So lernte ich Vera Bürgi kennen.

Aus jenem ersten Kontakt hat sich ein lebhafter Austausch entwickelt, dessen erstaunliche Erkenntnisse nun in gedruckter Form vorliegen.

In einem ersten Schritt habe ich mich – und mit mir auch meine drei Hunde, die keine einfache Geschichte hinter sich haben – einer ZRM-Selbsterfahrung unterzogen. Zusammenfassend kam ich zu drei Schlussfolgerungen:

Erstens bringt das ZRM Ruhe ins Gehirn. Diese Ruhe ist unerlässlich, wenn man auch in herausfordernden Situationen einen klaren Kopf behalten will.

Zweitens hat das ZRM eine überschaubare Struktur. Trotz der Vielfalt individueller Konstellationen und problematischer Situationen zwischen Menschen und ihren Hunden führt diese Methode verblüffend rasch und effizient zu den erwünschten Resultaten.

Drittens schafft das ZRM eine klare Haltung. Ich habe mir oft die Frage gestellt: Weshalb nennt man Menschen, die beschließen, sich auf einem Stück ihres Lebensweges von einem Hund begleiten zu lassen, Hunde-„Halter“? Mit dem ZRM fand ich eine neue, unerwartet schöne Antwort: Wer sich auf einen Hund einlässt, muss, wenn die Beziehung glücklich werden soll, eine souveräne Haltung einnehmen. Diese Haltung gibt dem verunsicherten Hund Halt – die elementare Voraussetzung für eine harmonische Mensch-Hund-Beziehung.

Von vielen schwierigen Fällen, die mir als Hundetrainer untergekommen sind, habe ich jene ausgewählt, bei denen ich an meine eigenen Grenzen gestoßen bin – und sie Vera Bürgi für das ZRM-Coaching anvertraut. In erstaunlich kurzer Zeit sind Verbesserungen eingetreten. Die Beispiele in diesem Buch machen eines deutlich: Das subtile Zusammenwirken von Hundeschule und ZRM-Coaching führt zu bemerkenswerten Erfolgen, weil die Menschen nicht nur lernen, den Hund zu verstehen, sondern auch sich selbst.

Für mich führt die Auseinandersetzung mit Maja Storchs ZRM-Theorie und Vera Bürgis ZRM-Praxis zum Fazit: Das Zürcher Ressourcen Modell kann Ängste und Widerstände abbauen. Es ist ein Schlüssel, der die Tür zum archaischen Urvertrauen zwischen Mensch und Hund öffnen kann.

Und so, wie meine erste Skepsis einer wachsenden Neugier wich, wie aus der Neugier Interesse geworden ist, das zu konkreten Erfahrungen geführt hat, so bleibt am Ende einfach nur Freude. Und eine Erkenntnis: Ich bin offen an das ZRM herangegangen und um eine Erfahrung reicher geworden, die ich nicht missen möchte. Heute weiß ich, dass das Zürcher Ressourcen Modell alles andere ist als ein merkwürdiger Hokuspokus. Diese wissenschaftlich fundierte Methode kann Blockaden auflösen und liebevolle Beziehungen schaffen.

Ich bin froh, dass ich als Hundetrainer zu den Recherchen für dieses Buch beitragen konnte. Es ist mir eine Ehre, dass ich mich zusammen mit Maja Storch und Vera Bürgi zum Autoren-Trio dieses Buches zählen darf. Und ich bin glücklich, dass wir mit „Mensch, Hund!" einen Reiseführer vorlegen, der den Weg in eine bessere Welt weist – in die Welt, in der zwei beste Freunde zu Hause sind, weil beide verstanden haben, wie sie einander verstehen können.

Willkommen in der Mensch-Hund-Welt!

DIE THEORIE-KNOCHEN

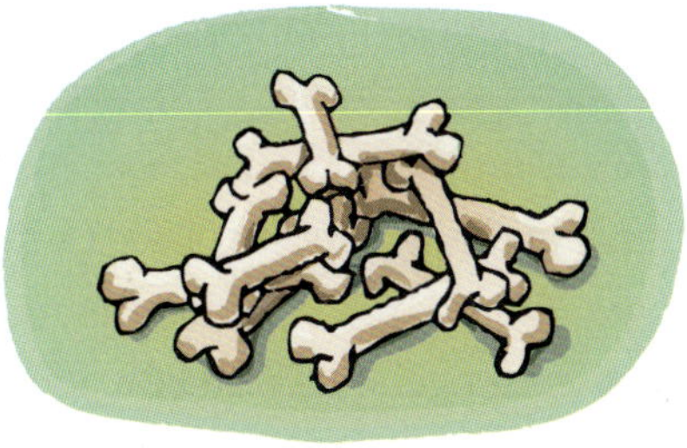

Maja Storch

Liebe Hundefreundin, lieber Hundefreund, eigentlich müsste ich Vergnügungssteuer dafür zahlen, dass ich dieses Buch schreiben durfte! Als Vera Bürgi mit der Idee kam, das Zürcher Ressourcen Modell für Hundehaltende einzusetzen, war ich sofort Feuer und Flamme. Vera Bürgi ist ZRM-Trainerin und Hundebesitzerin, also hierfür die ideale Fachfrau. Ich selber bin ebenfalls Hundefrauchen, mein Schoßhund heißt Simon, ist ein Mastino-Rüde (nicht kastriert) und wiegt 80 Kilogramm. Man hat also alle Hände voll zu tun.

Steve Lautz als Experten mit ins Boot zu holen war Vera Bürgis Idee. Und so entstand über viele Monate hinweg ein Buch, das jetzt vollendet ist.

Was ist mein Part in unserem gemeinsamen Unternehmen?

In der Schweiz gibt es die Redewendung vom „Fleisch am Knochen". Damit ist gemeint, dass eine eher abstrakte Thematik mit Leben erfüllt wird. Meine Aufgabe in diesem Buch ist es, die Theorie-Knochen zu liefern, die Vera Bürgi in ihrem Teil durch die Fallgeschichten mit dem sprichwörtlichen Fleisch anreichern wird.

Sie lernen also in meinem Kapitel ein paar theoretische Grundlagen kennen, die Vera Bürgi in ihren Praxisbeispielen verwenden wird. Wer momentan gar keine Lust auf Theorie-Knochen hat, sondern lieber sofort in den Fallgeschichten von Hunde- und Menschenschicksalen schmökern möchte, kann dies ruhig tun, wir haben für diesen Fall vorgesorgt. Alle Fachbegriffe aus dem ZRM, die ich hier bespreche, sind im Praxisteil mit einem Knochensymbol versehen. Sie haben also die Sicherheit, dass dieser Fachbegriff erklärt wird, und können einfach weiterlesen und sich von den Mensch-Hund-Lebensgeschichten begeistern lassen. Die Theorie-Knochen können Sie dann abnagen, wenn Ihnen der Sinn danach steht oder wenn Sie gerade einmal eine ruhige Stunde haben.

Diejenigen unter Ihnen, die schon einmal ein Buch von mir gelesen haben, wissen, dass auch meine theoretischen Texte gut zu lesen sind, Interesse wecken und Spaß machen. Ich kann also auf jeden Fall empfehlen, einfach mit dem Kapitel zu den Theorie-Knochen zu beginnen.

Das Zürcher Ressourcen Modell (ZRM)

Was ist das denn überhaupt, dieses Zürcher Ressourcen Modell? Es handelt sich dabei um ein Selbstmanagement-Training, das von meinem Kollegen Dr. Frank Krause und mir gemeinsam entwickelt wurde. Es geht beim ZRM darum, mit Hilfe des Unbewussten, eines Teils der menschlichen Psyche, der durch Verstandesappelle nicht zu erreichen ist, Handlungsweisen zu ändern. Das kann jedem Menschen gelingen, man braucht nur ein wenig Geduld. Aber wer Hunde liebt, kann zum Thema Geduld ja sowieso ein Liedlein singen. Bringen Sie also einfach mit sich selber genau so viel Geduld auf wie mit Ihrem geliebten Tier, dann klappt das.

Warum ist das Unbewusste in der Hundeführung so wichtig? Das ist ganz einfach zu erklären, Sie haben es sicher schon selber erlebt: Alles beginnt damit, dass der Hund sich in einer Art und Weise verhält, die Frauchen und/oder Herrchen nicht behagt. Man hätte gerne einen Hund mit anderen Verhaltensweisen. Hund bellt Freunde in der Wohnung an: Man möchte lieber, dass Hund ruhig und besonnen bleibt, wenn Besuch kommt. Hund randaliert am Gartenzaun: Man möchte, dass Hund Ruhe gibt, wenn klar ist, dass es sich um keinen Einbrecher handelt, sondern nur um die Postbotin. Hund wiegt 40 Kilo und zieht beim Spazierengehen an der Leine: Man möchte, dass Hund gesittet neben einem herläuft und man nicht jedes Mal mit ausgekugeltem Arm vom Spaziergang nach Hause kommt.

Alle diese Abläufe sind zwar inhaltlich sehr unterschiedlich, haben jedoch eine Gemeinsamkeit: Hund tut was, und Mensch hätte es gerne anders. Der Mensch will also, dass sich etwas ändert und sucht zu diesem Zweck eine Hundeschule auf, schaut Hundesendungen im TV oder konsultiert das Internet. Egal, welche Quelle man benutzt: Meistens stellt sich heraus, dass der Mensch dieses oder jenes machen müsste, damit der Hund anders reagieren kann.

Der Mensch sieht dies ein und versucht, sich entsprechend zu verhalten. Die Fälle, in denen der Mensch das schafft und der Hund im Anschluss auch sein Verhalten ändert, sind wunderbar. Mensch und Hund sind glücklich, sie brauchen auch kein Hundebuch und kein Hundetraining mehr, alles ist in Butter.

Unser Buch ist für Personen geschrieben, bei denen dies nicht klappt. Im typischen Fall hat der Mensch eine Verstandeseinsicht, die sich jedoch aus irgendwelchen geheimnisvollen Gründen nicht umsetzen lässt. Genau für diese Problemstellung wurde das Zürcher Ressourcen Modell, kurz ZRM, entwickelt. Durch das ZRM lernt man zweierlei: erstens etwas Theorie zur Frage, wieso dieses seltsame Phänomen überhaupt auftritt; zweitens Selbstmanagement-Methoden, mit denen man an sich selbst arbeiten kann, um die Verstandeseinsicht auch in eine entsprechende Handlung münden zu lassen. Wieso kann es überhaupt sein, dass ein Mensch mit solch einem inneren Ungehorsam zu kämpfen hat? Das liegt an der Art, wie das Gehirn Bewertungen vornimmt. Wir schauen uns die Vorgänge jetzt einmal genauer an.

Der Verstand und das Unbewusste

Der Mensch verfügt über zwei Bewertungssysteme, die am Handlungsgeschehen beteiligt sind. Das eine Bewertungssystem ist der Verstand, das andere Bewertungssystem ist ein unbewusst arbeitendes emotionales Erfahrungsgedächtnis, im folgenden Text kurz „das Unbewusste" genannt.

In der Tabelle sind die wichtigsten Unterschiede zwischen den beiden Systemen zusammengefasst. Was den Verstand für die Hundeführung denkbar ungeeignet macht, ist die Tatsache, dass die Informationsverarbeitung seriell stattfindet und deswegen langsam ist.

VERSTAND UND UNBEWUSSTES

Unterschied hinsichtlich	Der Verstand	Das Unbewusste
Verarbeitungs-modus	bewusst	unbewusst
Arbeitstempo	langsam	schnell
Kommunikations-mittel	Sprache	somatische Marker (diffuse Gefühle)
Informations-verarbeitung	seriell	parallel
Bewertungs-kriterium	richtig / falsch	mag ich / mag ich nicht

Serielle Informationsverarbeitung ist wie die Schlange vor der Kasse im Supermarkt. Einer nach dem anderen rückt vor, und es heißt warten, warten, warten, bis man dran ist. Bis der Verstand also endlich etwas begreift und in Handlung umsetzt, hat der Hund schon längst die Schwarzwälder Kirschtorte geklaut, Tante Herthas Seidenrock mit Hundesabber verziert, den kleinen Merlin-Gandalf durch kräftiges Bellen in Todesangst versetzt und ist durch das offene Gartentor abgehauen, um seinen Erzfeind, den Nachbarshund, am Genick zu packen und kräftig durchzuschütteln. Nicht ohne dabei einen Fahrradfahrer zu Fall zu bringen, natürlich. Wohl dem Menschen, der eine Hundehaftpflichtversicherung hat.

Viel geeigneter zur Vermeidung von Hundezwischenfällen ist hingegen das Unbewusste, denn es arbeitet parallel und deswegen sehr schnell. Parallele Informationsverarbeitung findet man in Supermärkten, wo an Self-Checkout-Kassen bezahlt werden kann. Viele Menschen können jetzt gleichzeitig – parallel – ihre Waren über den Barcodescanner ziehen und mit ihrem Handy bezahlen. Ruckzuck geht das, Wartezeit gleich null. Die Zeit vom auslösenden Reiz zur Reaktion, die das Unbewusste steuert, lässt sich wissenschaftlich messen. Sie beträgt 200 Millisekunden. Ein Mensch, der das Unbewusste gut ansteuern kann, ist genauso schnell wie sein Hund.

Das Unbewusste kann jedoch nicht mit Worten arbeiten, es kann sich nur über mulmige oder angenehme Gefühle äußern, sogenannte somatische Marker. Damit signalisiert es, ob ihm eine Situation gefällt oder nicht. Der Verstand arbeitet hingegen so, wie man sich menschliche Sachlichkeit vorstellt. Ist etwas vernünftig oder unvernünftig, logisch oder unlogisch? Der Verstand kann dieser Frage mit angemessener Langsamkeit nachgehen und im Anschluss an seine Überlegungen seine Erkenntnis in Worten ausdrücken. Diese Kompetenz ist prima, wenn man Betriebswirtschaft oder vergleichende Kulturwissenschaft studiert. Für die Hundeführung ist sie relativ zweitrangig.

Wir merken uns bis hierher also eine wichtige Botschaft: Für das akute, spontane Handeln, das die Hundeführung erfordert, müssen Menschen hauptsächlich ihr Unbewusstes einsetzen. Der Verstand ist in der Hundeführung nicht völlig überflüssig, aber er spielt eher eine Nebenrolle. Im Kapitel von Benji, dem charmanten Schreihals, schildert Vera Bürgi ein eindrückliches Fallbeispiel zu dieser Thematik, das sicher vielen Lesenden bekannt vorkommt.

Wie spricht man das Unbewusste an?

Die Herausforderung bei der Arbeit mit dem Unbewussten ist die Frage, wie man zu diesem Teil der menschlichen Psyche Kontakt aufnehmen kann. Durch Verstandeseinsicht ist das Unbewusste nicht zu erreichen. Was also kann man tun?

Im Zürcher Ressourcen Modell benutzen wir die Sprache, die das Unbewusste versteht: Wir geben ihm die Möglichkeit, sich über Bilder zu äußern. Die entsprechende Vorgehensweise beschreibt Vera Bürgi anschaulich in ihren Fallbeispielen. Man kann sich die ZRM-Methode so vorstellen, als würde man dem Unbewussten eine

Auswahl an Bildern vorlegen und die Frage stellen: „Was brauchst du denn, um dich so zu verhalten, wie es für dich und deinen Hund am besten wäre?“ Das Unbewusste kann auf diese Frage zwar keine Antwort in Worten formulieren, es kann sich aber sehr wohl äußern – nämlich über die schon erwähnten somatischen Marker. Genauer gesagt: Es kann durch einen positiven somatischen Marker anzeigen, was es benötigt, um die Verstandesabsicht zu unterstützen.

Als Stimulus-Material ist die ZRM-Bildkartei gut geeignet, wenn Coach und Hundemensch einander leibhaftig vor Ort begegnen, wie das in der Geschichte vom charmanten Schreihals der Fall ist. Man kann aber auch mit dem Online-Tool des ZRM arbeiten, das auf der Seite *www.zrm.ch* kostenlos und ohne Registrierungspflicht zur Verfügung gestellt wird. Das Coaching von Gioio, dem sensiblen Boliden, fand auf diese Weise statt. Egal, ob als Präsenztreffen oder online: Das Vorgehen ist identisch. Dem Unbewussten wird eine Auswahl an Bildern vorgelegt, und der Mensch beobachtet sich selbst und stellt fest, welche somatischen Marker die Bilder innerlich auslösen. Wenn das Unbewusste ein passendes Bild gefunden hat, macht es sich durch einen positiven somatischen Marker – ein gutes Gefühl – bemerkbar.

Die Voraussetzung für diesen Auswahlvorgang ist eine gute und präzise Vorstellung davon, wohin die Reise mit dem eigenen Selbstmanagement gehen soll. Hierzu kann man sich aus verschiedenen Quellen mit Anregungen versorgen. Oft hat man in der Hundeschule schon zum wiederholten Mal eine ganz bestimmte Aufforderung gehört. Zum Beispiel: „Du musst selber ruhig bleiben, dann überträgt sich das auch auf deinen Hund.“ Oder: „Kümmere dich weniger um das, was andere von dir erwarten, sondern bleibe dir selber treu.“ Auch ein oft gehörter Tipp. Man kennt die Tipps, aber umsetzen kann man sie irgendwie nicht. Woran liegt das? Im ZRM heißt das: Das Unbewusste ist noch nicht im Boot, darum hapert es an der Umsetzung.

In einem Einzelcoaching wird das Thema ebenfalls präzise ausgearbeitet. Oftmals genügt es aber auch schon, die beste Freundin zu fragen oder den Sohn, um durch das Feedback eine ziemlich gute Vorstellung davon zu bekommen, was zu tun wäre.

Sobald das eigene Thema sauber erarbeitet ist, kann man dem Unbewussten die Bilderauswahl präsentieren und gespannt darauf sein, welches Bild es sich für die Umsetzung aussucht.

Wie wird das Bild interpretiert?

Nun hat man also über die somatischen Marker ein passendes Bild identifiziert. Dies gibt Anlass zur Freude, aber sogleich taucht auch die nächste Frage auf: Wie wird denn nun das Bild interpretiert? Das Zürcher Ressourcen Modell hat auf diese Frage eine klare Antwort: Das Bild wird von dem Besitzer oder der Besitzerin selbst interpretiert. Es wird keinerlei „Expertenzirkus" veranstaltet, bei dem eine Fachperson darüber aufklärt, was es denn zu bedeuten habe, wenn ein Mensch ein Bild mit einem Bären ausgewählt hat. Das Menschenbild des ZRM sieht vor, dass die Bedeutung eines Bärenbildes – um bei diesem Beispiel zu bleiben – für jede Person völlig individuell ist. Und dass niemandem geholfen ist, wenn sogenannte Expertinnen und Experten mit allwissendem Blick und mahnender Stimme darüber Auskunft geben, was die Bedeutung eines Bären an und für sich sei.

Aha, okay, verstanden. Man interpretiert sein Bild also selber. Aber wie soll das funktionieren, wenn doch die somatischen Marker die einzigen Möglichkeiten des Unbewussten sind, sich auszudrücken? Wie kommen denn dann Worte dazu, damit der Verstand auch nachvollziehen kann, was das Unbewusste sich so vorstellt, um mit ins Boot zu kommen? Hierzu hat das ZRM zwei Methoden entwickelt, die leicht nachvollziehbar und einfach durchzuführen sind: Der Ideenkorb und die Affektbilanz.

Der Ideenkorb

Das Vorgehen für den Ideenkorb ist rasch erklärt.

Der Mensch, dessen Bild interpretiert werden soll, stellt sich vor, dass vor ihm ein Korb steht, der mit Ideen gefüllt wird. Die Ideen entwickelt der Mensch selber, so er denn welche hat. Auf jeden Fall werden aber auch noch Ideen von anderen Menschen einbezogen, die sozusagen eine Ideenspende geben.

Achtung: Es geht beim Füllen des Ideenkorbes nicht darum, die richtige Interpretation eines Bildes zu diskutieren oder darüber sogar zu streiten! Es geht einfach nur darum, den Korb zu füllen. Die Frage, die als Leitlinie für die Befüllung des Ideenkorbes dient, lautet:

- Was an diesem Bild könnte das Unbewusste dazu veranlasst haben, mit einem positiven somatischen Marker zu reagieren?

Die aufmerksamen Lesenden werden an dieser Stelle sicher sofort bemerken, dass es beim Ideenkorb darum geht, ausschließlich positive Ideen in den Korb zu werfen. Dies ist auch naheliegend, denn das Bild wurde ja anhand eines positiven somatischen Markers identifiziert. Mit anderen Worten: Das Unbewusste im Menschen findet das Bild genauso attraktiv wie der Hund seine Lieblingsleckerli. Es ist begeistert von dem Bild, und die Aufgabe besteht darin, die Begeisterung, die das Unbewusste ja nur über fröhliche Gefühle mitteilen kann, durch eine Art Brainstorming-Verfahren in Worte umzusetzen, damit der Verstand kapiert, was das Unbewusste will.

IDEENKORB
Ideen-
sammlerin
mit Bild
Ideen-
spender
Ideenkorb
mit positiven Ideen

Die Affektbilanz

Wie wird nun der gefüllte Ideenkorb ausgewertet? Hier kommt die Affektbilanz zum Einsatz, eine für das ZRM neu entwickelte Methode, um somatische Marker sichtbar zu machen. Die Affektbilanz besteht einfach aus zwei senkrechten Strichen ohne „Temperatureinteilung“. Sie bildet den gefühlten (affektiven) Anteil des somatischen Markers ab.

Der linke senkrechte Strich wird zum Einzeichnen des negativen Gefühlsgehaltes benutzt, darum steht ein Minuszeichen darüber. Der rechte senkrechte Strich wird für den positiven affektiven Gehalt benutzt, darum steht ein Pluszeichen darüber. Weil der Mensch nicht nur über rein positive oder rein negative Affekte verfügt, werden beide Striche gleichzeitig bearbeitet. Das ergibt dann einen optischen Eindruck von den sogenannten gemischten Gefühlen, die im normalen menschlichen Alltag eigentlich den Hauptanteil der Gefühlslagen ausmachen.

Für die Auswahl der Lieblingsideen aus dem Ideenkorb ist eine Affektbilanz nötig, die im negativen Bereich bei Null liegt. Mit anderen Worten: Es darf keine Idee aus dem Korb verwendet werden, die auch nur ansatzweise negative Affekte auslöst. Ein negativer Affekt weist immer auf ein Alarmsignal des Unbewussten hin. Das wollen wir nicht, wir wollen ja das Unbewusste mit ins Boot holen. Stattdessen brauchen wir etwas auf dem positiven Strich: Ein deutlich positives Bewertungssignal, das darauf hinweist, dass diese Idee dem Unbewussten sehr attraktiv erscheint. Ab einem Wert von zirka 70 plus ist angezeigt, dass das Unbewusste mit im Boot sitzt und losrudern will. Im Kapitel von Luca, dem schreckhaften Prachtkerl, beschreibt Vera Bürgi ausführlich, wie mit der Affektbilanz in der Praxis gearbeitet wird.

Wem die akribische Arbeit mit den Skalen der Affektbilanz zu umständlich ist, kann auch nach dem Gefühl vorgehen. Welches sind meine Lieblingsideen? Wo freut sich mein Herz? Wo macht es innerlich „bingo“? Worauf springe ich gefühlsmäßig positiv an? Auch für dieses – etwas flottere – Vorgehen finden sich im Praxisteil anschauliche Beispiele.

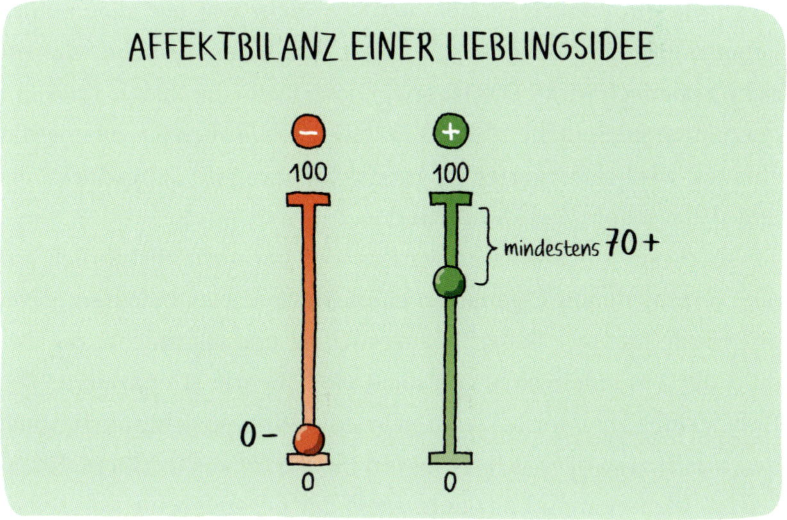

Das Motto-Ziel

Wie arbeitet man mit den Lieblingsideen aus dem Ideenkorb weiter? Erinnern wir uns an das, worum es im Prinzip geht: Was man erreichen möchte, ist eine Änderung der inneren Haltung des Hundemenschen, die das Unbewusste und die Verstandesabsicht so zusammenbringt, dass die gewünschte Handlung zuverlässig und gut ausgeführt werden kann. Wir möchten den unkoordinierten Zustand beenden, in dem der Verstand zwar eine vernünftige Einsicht hat, die das Unbewusste aber nicht gut genug erreicht. Der Verstand ist nicht in der Lage, zu einer entsprechenden Handlung zu führen, denn das Unbewusste wittert dauernd Alarm und verweigert die Mitarbeit. Nachdem nun das Unbewusste in seiner ihm angestammten Bildsprache nach seiner Meinung gefragt wurde und äußern durfte, was es sich wünscht, wird mit Ideenkorb und Affektbilanz ein Dolmetscherprozess auf den Weg gebracht, der es dem Verstand ermöglicht, das Anliegen des Unbewussten zu verstehen.

Jetzt kommt der nächste Schritt: Aus den Lieblingsideen wird ein sogenanntes Motto-Ziel gebildet. Diese Art von Ziel liest sich nicht wie ein konkretes Ziel, sondern mehr wie ein allgemeines Lebensmotto. Es bedient sich einer bildhaften Sprache, die oft richtig poetisch wirkt. Das ist erwünscht. Denn durch den Trick mit der bildhaften Sprache, die sich ursprünglich ja auch aus einem Bild ableitet, wird sichergestellt, dass das Unbewusste „angedockt" ist und sich mit dem Ziel identifiziert.

An dieser Stelle müssen wir uns jetzt gar nicht ausführlich mit den verschiedenen Eigenarten eines Motto-Zieles befassen, denn das würde mehrere Seiten beanspruchen, und ich möchte die Geduld der Lesenden nicht mit allzu viel Theorie strapazieren. Die Entwicklung von Motto-Zielen ist in jeder Fallgeschichte ausführlich beschrieben, so dass sich die ersten Eindrücke von da übernehmen lassen. Wenn jemand aus dem Kreis der Lesenden für sich selber den Wunsch hat, auch ein Motto-Ziel zu entwickeln, ist das ganz einfach online machbar.

Auf der Homepage des Zürcher Ressourcen Modells *www.zrm.ch* besteht unter dem Link Online-Tool die Möglichkeit, sich ein eigenes Motto-Ziel zu einem beliebigen Thema zu bauen. Auch Profis im Bereich Hundetraining, die mit der Idee liebäugeln, mit einem bestimmten Mensch-Hund-Paar mit dem ZRM zu arbeiten, können ihre Schützlinge auf dieses Online-Tool schicken, dafür ist es da. Das Verfahren dauert 15 Minuten. Zum Schluss gibt es eine PDF-Datei mit dem gewählten Bild und dem themenspezifischen Motto-Ziel zum Ausdrucken. Mit diesem Ergebnis ist man auf der sicheren Seite, was die Qualität des Motto-Zieles betrifft, denn die Seite wurde von uns sorgfältig erstellt und wissenschaftlich auf ihre Wirksamkeit hin untersucht. Vertiefende Literatur dazu findet sich in Hülle und Fülle ebenfalls auf der Homepage des ZRM.

BILDUNG EINES MOTTO-ZIELS

Bild	
Thema	Im Hier und Jetzt sein
Motto-Ziel	Löwengleich präsent fokussiere ich meine fließende Energie mutig und frei auf das mir Wichtige.

Das Embodiment

Mit dem Motto-Ziel ziehen Verstand und Unbewusstes am selben Strang. Das Innenleben des Menschen ist nun gut koordiniert, innere Konflikte sind aufgelöst. Jetzt kann man mit der Arbeit am Embodiment beginnen. Das Embodiment ist für das Führen von Hunden eine wichtige Komponente. Ein Hund kann ja – ähnlich wie das menschliche Unbewusste – keine Worte verstehen. Ein Hund versteht seinen Menschen und auch seine Artgenossen, indem er ihre Körpersprache genau beobachtet. Wenn ein Mensch nun im Hundetraining gesagt bekommt: „Du musst dich entspannen!", dann richtet sich dieser gut gemeinte Appell an den Verstand. Der Verstand hat jedoch aus der Sicht der Neurobiologie dummerweise vergleichsweise wenige Nervenverbindungen zu den Bereichen des Gehirns, die Körpergeschehen regeln.

Der Vorgang der Entspannung zum Beispiel bringt, ist er mal eingeleitet, viele körperliche Veränderungen mit sich. Die Atmung verändert sich, die Pupillen werden kleiner, der Herzschlag verlangsamt sich. Der Muskeltonus wird weicher und die Bewegungen werden ruhiger. Wenn ein entspannter Mensch spricht, hört sich die Stimme völlig anders an, als wenn derselbe Mensch angespannt und gestresst ist. Der Hund bekommt all diese Signale mit. Ich kenne keine wissenschaftlichen Studien dazu, weil ich mich nicht mit Kynologie befasse, wie die Wissenschaft rund um den Hund genannt wird. Aber ich würde wetten, dass ein Hund es auch riecht, ob sein Mensch angespannt oder gechillt ist.

Wenn man also beabsichtigt, den Hund wissen zu lassen, dass man jetzt eine bestimmte Haltung angenommen hat, die ihn unterstützen soll, dann ist es eigentlich unerlässlich, diese neue Haltung in den eigenen Körper zu bringen. In der Fachsprache heißt dieser Vorgang „Embodiment", was man mit „Verkörperung" übersetzen kann.

Im Prinzip funktioniert das Embodiment ganz einfach und natürlich, da die Thematik, an der man arbeiten will, mit einem Bild unterfüttert ist. Der Körper ist gut ausgerüstet, um Bildsprache umzusetzen, die er besser versteht als Worte. Wenn wir jetzt einmal bei dem Löwenbeispiel bleiben, das weiter oben dargestellt wurde, dann ist es lustigerweise für den Körper ein Leichtes, sich löwenhaft zu bewegen.

Wenn Sie Lust haben, können Sie das selber ausprobieren, der Einfachheit halber bleiben wir weiterhin beim Löwen. Stellen Sie sich erst einmal „normal" hin, so wie Sie immer stehen, und dann lassen Sie das Löwenhafte in Ihrem Körper lebendig werden.

Sie müssen da gar nicht groß drüber nachdenken, Sie werden feststellen, dass der Körper ganz genau weiß, wie Sie löwenhaft gehen, stehen, sich drehen. Er weiß auch, wie Sie löwenhaft atmen, und er weiß, wie Sie löwenhaft schauen. Und wenn der Löwe in Ihrem Körper lebendig geworden ist, dann strahlen Sie Ihre psychische Haltung auch körperlich aus. Und Ihr Hund kann Sie lesen. Er wird sofort wissen, dass jetzt kein schlotterndes, gestresstes Angstbündel mehr mit ihm unterwegs ist, sondern eine Löwin oder ein Löwe. Die neue Körperlichkeit überträgt sich dann im Nullkommanichts auf den Vierbeiner.

In den Fallbeispielen von Benji, dem charmanten Schreihals, und Gioio, dem sensiblen Boliden, beschreibt Vera Bürgi, wie das Embodiment des Menschen aufgebaut wird. Mit dem Embodiment wird in zweierlei Hinsicht Gutes bewirkt: Zum einen hilft die Körperarbeit dem Menschen, die erwünschte Haltung auch tatsächlich aktiv zu erleben und nicht nur verstandesmäßig zu denken. Das bedeutet, dass das Zusammensein mit dem Vierbeiner wesentlich angenehmer wird und sich für den Menschen von Tag zu Tag besser anfühlt.

Zum zweiten hilft die Körperarbeit aber auch dem Hund. Denn der Mensch ist jetzt für den Hund lesbar und verstehbar geworden. Der Mensch benimmt und bewegt sich in einer Art und Weise, die dem Hund das vermittelt, was zuvor in der Themenbestimmung präzise erarbeitet wurde. Menschliches Erleben und die Wahrnehmung, die der Hund hat, werden auf diese Art synchronisiert. Ein gemeinsames Universum entsteht, in dem Mensch und Hund eine Einheit bilden. Das Großartige an der Arbeit mit dem ZRM ist die Erfahrung, dass der Mensch sich nicht verbiegen und sich nicht irgendeiner Norm von perfektem Hundeführen anpassen muss. Die Abstimmung zwischen Mensch und Hund erfolgt völlig individuell und hilft beiden dabei, ihre ganz spezifische Eigenart zu entwickeln. So lässt es sich miteinander gut umgehen, und der Kontakt zueinander wird für beide Seiten zu einem Quell der Freude.

Erinnerungshilfen als Nervenfutter

Bis zum Embodiment haben Mensch und Hund schon einen ganz gewaltigen Weg zurückgelegt. In vielen Fällen stellen sich in dieser Phase des ZRM schon erste Erfolge ein. Das Unbewusste ist mit im Boot, es übernimmt den Einfluss auf den Körper, und der Hund kann die Körpersprache des Menschen lesen. Wir empfehlen in dieser Phase aber eigentlich immer, noch eine Weile am Ball zu bleiben und noch ein wenig mehr im Alltag zu trainieren. Für Menschen gilt hier genau das gleiche Prinzip wie für Hunde: Erst das tägliche Training sorgt dafür, dass sich neue Automatismen bilden und dass die neuen Fertigkeiten zuverlässig und routiniert ablaufen können.

Was geschieht eigentlich im Gehirn, wenn neue Abläufe gelernt werden? Man weiß darüber mittlerweile ziemlich genau Bescheid. Übrigens funktionieren in dieser Hinsicht die Gehirne von Menschen und Hunden auf dieselbe Weise. Es ist auf jeden Fall hilfreich, sich klarzumachen, wie diesbezüglich die neurobiologischen Grundlagen aussehen.

Das Gehirn speichert Wissen in Form von Verbindungen zwischen Nervenzellen. Nervenzellen sind untereinander verbunden durch eine Art Kontaktstöpsel, so was wie eine biologische USB-Schnittstelle. Diese Kontaktstelle heißt Synapse. Wird etwas gelernt und automatisiert, dann wird die Verbindung zwischen den Nervenzellen gestärkt.

Wenn wir in der Metaphorik der digitalen Welt bleiben: Von einem Kupferkabel mit geringer Übertragungsleistung verändert sich die Verbindung zu einem Glasfaserkabel, das in rasanter Geschwindigkeit große Datenmengen bewältigen kann. Je besser die Nervenverbindung ausgebaut ist, desto störungsfreier läuft der Automatismus ab.

Mit einem Kupferkabel lässt es sich weder streamen noch online gamen, weil der Datenstrom andauernd abreißt oder die Bilder

BILDUNG VON AUTOMATISMEN

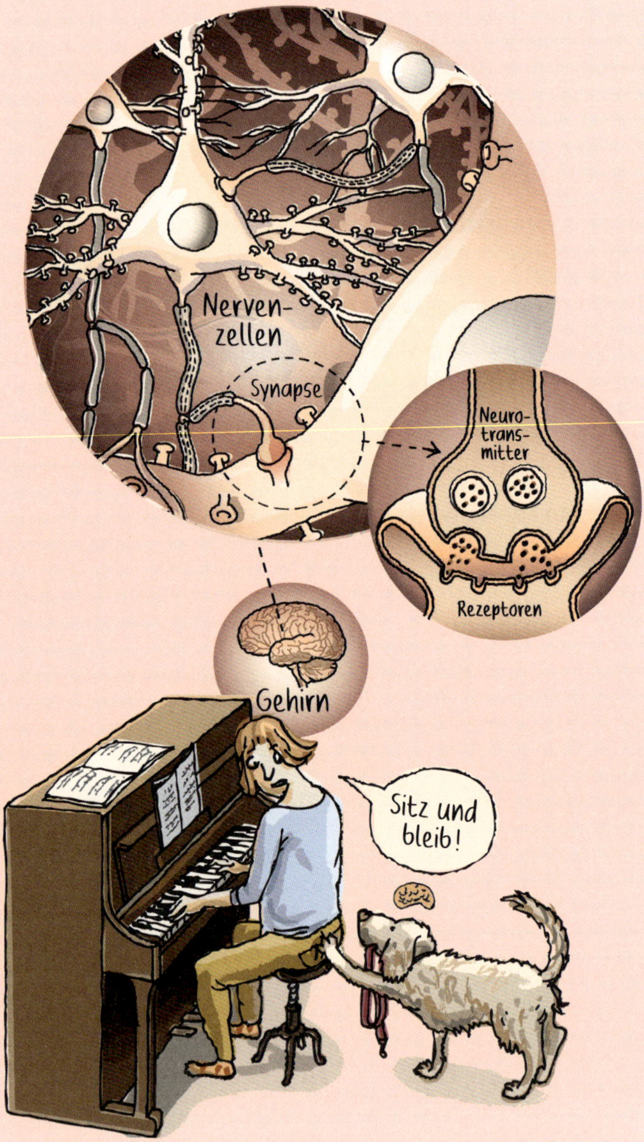

verpixelt sind. Glasfaser hingegen erlaubt den Luxus, Filme und Live-Games in Echtzeit zu genießen.

Wie bringt man die Nervenverbindungen dazu, ihre Leistung zu erhöhen? Die Antwort ist ganz einfach: durch häufige Benutzung. Eine Nervenverbindung, die oft benutzt wird, funktioniert im Lauf der Zeit immer besser. Eine Verbindung, die selten benutzt wird, wird zunehmend in ihrer Leistung schwächer. Dies gilt für den Menschen genauso wie für den Hund. Wenn der Mensch eine Fremdsprache, einen Tanzschritt oder eine bestimmte Tonfolge auf dem Musikinstrument eine Weile nicht übt, ist ganz deutlich ein Rückschritt spürbar. Wenn der Hund bestimmte Befehle nicht permanent ausführen muss, sondern nur das „sitz und bleib" übt, wenn es einmal in der Woche gerade zeitlich passt, dann sind die Aussichten auf nachhaltige Umsetzung nicht prickelnd.

Es gibt im Gehirn in dieser Hinsicht keine komfortable Ruhezone, in der man es sich bequem machen kann, um sich auf den erworbenen Lorbeeren auszuruhen. So eine Ruhezone gibt es im eigenen Garten übrigens auch nicht und mit den eigenen Kindern noch viel weniger. Das Gehirn ist auf Aktivität und Arbeit angelegt, genauso wie der Bewegungsapparat. Man mag diese Tatsache verfluchen, aber jammern hilft nichts. Üben, üben und nochmal üben, das ist die Devise.

Sie sind mutlos und wollen alles hinschmeißen? Sie haben keine Lust auf Dauertraining, weil Sie schon genug Zeit in die Hundeschule investiert haben? Die Aussicht auf dauerndes Üben Ihrer Nervenverbindungen macht Sie griesgrämig und missmutig?

Keine Sorge. Erstens ist so eine Reaktion verständlich, das geht vielen so. Und zweitens hat das Zürcher Ressourcen Modell eine Methode entwickelt, wie man seinen Nervenverbindungen Futter geben kann und trotzdem die gute Laune behält. Ohne Übertreibung wage ich sogar zu versprechen, dass die ZRM-Methode, die Nerven zu füttern, Spaß mit sich bringt und dass die allermeisten Menschen richtig Freude daran haben.

Das ZRM-Nervenfutter funktioniert über sogenannte Erinnerungshilfen, die das Gehirn auf Trab halten. Wir erinnern uns: Was nötig ist, um neue Automatismen aufzubauen, ist häufiges Benutzen der Nervenverbindungen. Die gute Nachricht ist, dass es dem Gehirn egal ist, ob die häufige Benutzung bewusst oder unbewusst erfolgt. Wenn ich eine Tätigkeit bewusst ausführe, wie Vokabeln lernen oder Takt 17 von meiner Bach-Fuge üben, dann heißt das aus Sicht des Gehirns lediglich, dass dieses Üben von Verstandestätigkeit begleitet ist. Mir fällt dann auch bewusst auf, was ich da gerade tue. Das Gehirn lernt aber genauso gut ohne begleitende Verstandestätigkeit. Man spricht dann von unbewusstem Lernen. Über dieses unbewusste Lernen funktioniert übrigens die Werbung. Über unbewusste Wahrnehmung werden Sie durch jeden Supermarkt geführt. Und weil das Unbewusste die Regie übernimmt, funktioniert ein ganz großer Teil der Morgenroutine frisch nach dem Aufstehen auch noch in halbwachem oder verkatertem Verstand.

Man kann also dafür sorgen, dass sich das Gehirn im Prinzip über den ganzen Tag mit dem Bild, dem Motto-Ziel oder dem Embodiment beschäftigt, ohne dass man bewusste Aufmerksamkeit darauf verwenden müsste. Ist das nicht eine feine Nachricht? Es ist also alles gar nicht so viel staubtrockene, langweilige Arbeit, wie Sie vielleicht befürchtet haben.

Die Arbeit mit Erinnerungshilfen beruht auf dem Prinzip, dass man sich im ganz normalen Alltag mit Gegenständen umgibt, die das Unbewusste an das Motto-Ziel erinnern. Wenn ein Mensch zum Beispiel mit dem Bild eines Segelschiffs arbeitet und das Motto-Ziel gebildet hat: *Ich habe das Steuer fest im Griff!*, dann kann man sich überlegen, wo man überall Erinnerungshilfen aufbauen kann, die das Unbewusste an diese Thematik erinnern. Ein Steuerrad als Schlüsselanhänger, eine Hundetasche in Marineblau, ein Segelschiff an den Rückspiegel im Auto gehängt, das Bild als Bildschirmhintergrund auf dem Computer und dem Handy. Hundeleckerli werden in

eine meerblaue Dose gepackt, möglicherweise erlaubt es das Budget sogar, sich ein Paar Outdoorschuhe für die Hundespaziergänge zu kaufen, die an die Segel-Thematik erinnern. Wer weiß, vielleicht lässt sich sogar eine geeignete Erinnerungshilfe am Hundehalsband oder an der Leine anbringen?

Auf diese spielerische und fantasievolle Art erreicht das Gehirn ähnliche Trainingserfolge wie wenn man den ganzen Tag büffeln würde. Die Nervenzellen und ihre Verbindungsstellen verarbeiten ununterbrochen die Segelschiff-Thematik und werden so in ihrer Übertragungseffizienz gestärkt. Mit Erinnerungshilfen zu arbeiten, macht richtig Spaß, Sie werden dazu in den Fallbeispielen viele Geschichten finden, die von sehr viel Kreativität zeugen.

Das Situationstypen-ABC

Nun ist ein schöner Rucksack beisammen, mit dem Mensch und Hund sich auf einen fröhlichen Morgenspaziergang begeben können. Wie kann man jetzt ganz konkret den Alltag mit den normalen Hundeproblemen bewältigen? Es sei noch einmal zur Erinnerung gesagt, dass durch die Arbeit mit den Bildern das Unbewusste erreicht wurde. Die Mitarbeit des Unbewussten benötigen Menschen, weil ihre automatischen Reaktionsweisen dort gespeichert sind und weil der Verstand mit seiner Einsichtsfähigkeit alleine nicht in der Lage ist, auf diese Automatismen zuzugreifen. Wenn man also in Zukunft gelassen statt ängstlich reagieren möchte, sobald sich eine bestimmte als bedrohlich empfundene Hundesituation abzeichnet, dann muss diese Information irgendwie an das Unbewusste herangetragen werden. Denn: Das Unbewusste hat die Regie über die Automatismen.

Bilderwahl, Motto-Ziel, Embodiment und Erinnerungshilfen sind alles fabelhafte Werkzeuge, um das Unbewusste zu erreichen. Ein Mensch, der sich diese Ressourcen erarbeitet hat, wird im normalen Hundealltag auf drei Situationstypen treffen. Im Zürcher Ressourcen Modell sprechen wir vom Situationstypen-ABC. Das Situationstypen-ABC verschafft eine Übersicht über all das, was im Alltag mit einem Hund auftauchen kann.

Situationstyp A

- Situationen, in denen die Verwirklichung des Motto-Ziels einfach und automatisch gelingt.

Situationstyp B

- Situationen, in denen die Verwirklichung des Motto-Ziels schwierig ist, die jedoch vorhersehbar sind und darum vorbereitet werden können.

Situationstyp C

- Situationen, in denen die Verwirklichung des Motto-Ziels schwierig ist und die außerdem überraschend eintreten und darum nicht vorbereitet werden können.

Beim Situationstypen-ABC handelt es sich um eine Art Schubladensystem, mit dem die Geschehnisse verstandesgerecht sortiert werden. Wie man der Abbildung entnehmen kann, wandern die Erlebnisse von einer Schublade zur anderen. Ein Erlebnis, das am Anfang völlig überraschend und grässlich schwierig war (eine C-Situation), wird nach einiger Zeit des Übens im B-Bereich ganz von alleine in die A-Schublade wandern.

Das menschliche Gehirn funktioniert in dieser Hinsicht genau wie das Hundegehirn. Als ich zum ersten Mal versuchte, meinen Mastino Simon als Welpen daran zu gewöhnen, dass man ihm zum Zweck des Fiebermessens ein Thermometer in den Popo steckt, war das für den armen Simon eine C-Situation. Neu, überraschend und schrecklich. Nach stufenweisem Training – das wäre der B-Bereich – ist mittlerweile das Fiebermessen für ihn zur normalen Routine geworden, und es kann vorkommen, dass er sogar einfach weiterdöst, wenn er das Thermometer im Popo hat. Damit ist dieser Vorgang für ihn zu einem A geworden.

Umgang mit A-Situationen

Für den Menschen gilt für die A-Situationen eigentlich nur eine Vorgabe: Man muss sich die eigenen Erfolge klarmachen und sich selber dafür loben. Wichtige Botschaft in diesem Zusammenhang: Für die Veränderung von eingefahrenen Automatismen braucht es Geduld. Sowas kann dauern. Umso wichtiger ist es, sich anzugewöhnen, es zu bemerken, wenn das Unbewusste eine Alltagssituation dazu genutzt hat, das neue Motto-Ziel umzusetzen. Im Fallbeispiel von Leroy hat die Besitzerin Mara mit dem eigenen Impuls zu kämpfen, wegzurennen, wenn sie einen anderen Menschen mit Hund kommen sieht. Ihre Fluchtbereitschaft äußert sich natürlich über ihr Embodiment; ihr Hund liest das und stellt sich auf Gefahr ein. Und schon sind die besten Grundlagen für eine kritische Hundebegegnung gelegt.

Wenn es Mara zum ersten Mal gelingt, angesichts eines fremden Hundes auch körperlich die Fassung zu bewahren, ist das im Sinne des ZRM als Erfolg zu werten, selbst wenn sie es dann immer noch vorzieht, lieber umzukehren oder einen weiten Bogen zu laufen. Als A wird gewertet, dass sie ihre automatische Stressreaktion in eine automatische Ruhereaktion überführen konnte. Und genauso wie Frauchen und Herrchen das erwünschte Verhalten des Hundes loben sollen, damit dieses Verhalten besser gelernt wird, braucht auch der Mensch für erfolgreiches Lernen seine tägliche Portion Lob. Im Unterschied zum Hund muss der Mensch sich aber um sein Quantum Lob selber kümmern. Dies gelingt, indem man sich jeden Abend fünf Minuten Zeit nimmt, um den Hundetag auf A-Situationen hin zu durchforsten und sich über die Erfolge aktiv zu freuen.

Umgang mit B-Situationen

Die B-Situationen sind das eigentliche Trainingslager für die neuen Nervenverbindungen. Man findet diesen Situationstyp heraus, indem man sich die Frage stellt: Welche Situationen können meine neue Haltung herausfordern? Wo wird es erwartbar nicht ganz einfach, in meiner Haltung zu bleiben? Wenn ich zum Beispiel weiß, dass der Schornsteinfeger kommt, ungefähr um dieselbe Zeit mein neuer Schmuckkranz für die Tür von unserer hochbegabten Floristin

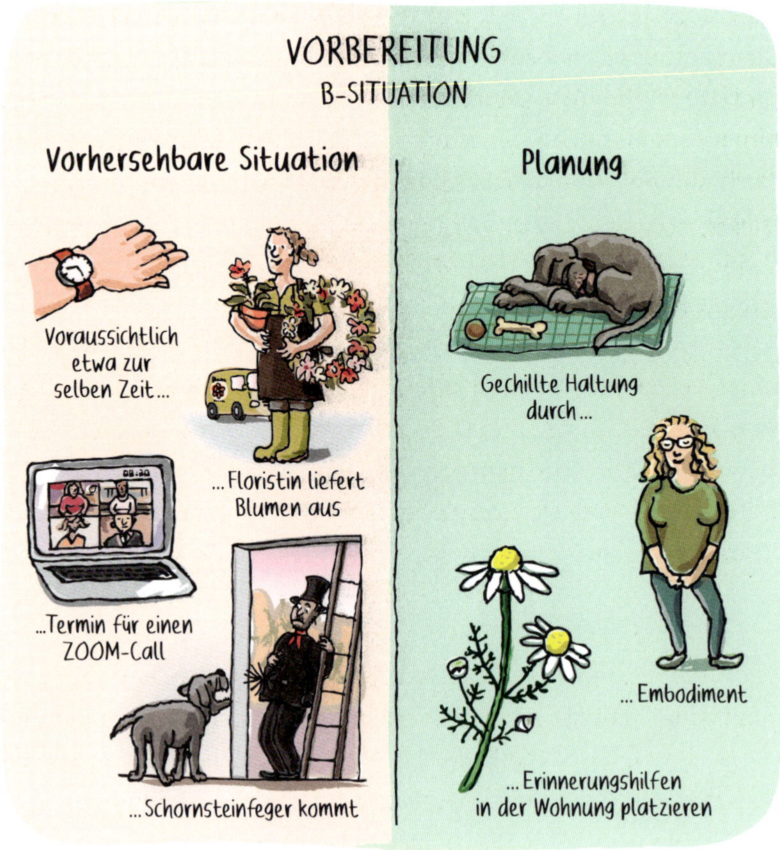

geliefert wird und ich danach zu einer exakten Zeit einem Zoom-Call beitreten muss, dann bin ich vermutlich ein wenig nervös. Unser sensibler Mastino Simon merkt natürlich sofort, dass etwas nicht stimmt und komische Ereignisse die ansonsten friedliche Vormittagsatmosphäre trüben. Er wird ebenfalls nervös, und die Gefahr ist dann groß, dass er versucht, den Schornsteinfeger am Betreten der Wohnung zu hindern. Die meisten Schornsteinfeger mögen es nicht besonders gerne, von einem ausgewachsenen Mastino-Rüden angeknurrt zu werden, das können Sie mir glauben.

Dies insgesamt ist eine typische B-Situation, eine vorhergesehene Situation, die erwartbar schwierig wird. Hierfür mache ich mir nun einen genauen Plan, wie ich meine ruhige, gechillte Haltung, die für mich durch eine Kamillenpflanze symbolisiert wird, abrufen und beibehalten kann. Ich überlege mir ein Embodiment, das in der Situation zwar unauffällig wirkt, für mich aber effektiv ist, und statte mich und die neuralgischen Punkte der Wohnung gut mit Erinnerungshilfen aus. In den Fallgeschichten können Sie diese Art, mit B-Situationen umzugehen, ganz ausführlich und individuell abgestimmt auf die Hunde und ihre Menschen eindrücklich und praxisnah kennenlernen. Hier lernt man auch, wie sich der Herausforderungsgrad und die Erfolgsaussichten mit einer Methode, die eine Art Schwierigkeitsthermometer darstellt, in B-Situationen einschätzen lassen. Dadurch gewinnt man eine geschärfte Wahrnehmung für das, was man sich und dem Hund schon zutrauen kann und von welcher Variante man im Moment noch lieber die Finger lässt.

Die B-Situationen, die zwar herausfordernd sind, aber mit einer guten Vorbereitung auch gute Erfolgsaussichten haben, sind die Fitnessgeräte für die neuen Nervenverbindungen. Wenn der morgendliche Tumult bei mir mit gechilltem Kamillen-Frauchen und ebenso gechilltem Kamillen-Simon über die Bühne gegangen ist, was machen wir dann? Sie ahnen es natürlich: ausführlich loben, den Hund und den Menschen, und sich über den Erfolg freuen.

Umgang mit C-Situationen

Wenn ich an unseren ersten Hund zurückdenke, der Gustl hieß, dann waren die Spaziergänge mit Gustl eigentlich ausschließlich von C-Situationen dominiert. C-Situationen sind schwierige Situationen, die unvorhergesehen über Mensch und Hund hereinbrechen. In diesen Situationen läuft alles komplett aus dem Ruder, und die Katastrophen entfalten sich zu voller Pracht. Warum passiert das? Weil die neue Haltung und das damit verbundene neue neuronale Netz noch nicht genügend automatisiert sind, um unter Stress und großer Schwierigkeit abgerufen zu werden. Der Mensch und als Folge auch der Hund fallen in die alten Verhaltensmuster zurück und benehmen sich, als hätte man nie ein ZRM-Selbstmanagement gemacht und niemals eine Hundeschule von innen gesehen.

So etwas ist außerordentlich ärgerlich, erschreckend und enttäuschend. Egal, wie man die Gefühlslage benennen möchte, sie ist auf jeden Fall eines: deutlich im negativen Bereich. Darum gilt als wichtigste Regel: Schütteln Sie sich, wie der sprichwörtliche nasse Hund, und versuchen Sie, mit geeigneten Maßnahmen die Gefühlslage wieder in den Normalbereich zu regulieren. Dauerärger brauchen wir nicht.

Was wir jedoch brauchen ist eine kleine Notiz, das C betreffend. Halten Sie fest, was passiert ist, das zum C führte, und legen Sie sich auf diese Art ein Archiv zu. Wenn Sie dann drei bis vier C-Situationen gesammelt haben, können Sie versuchen, die Dinge aus der C-Schublade in die B-Schublade zu überführen, indem Sie herausfinden, ob es Gemeinsamkeiten zwischen den verschiedenen C-Situationen gibt.

Mein erstes C mit unserem Gustl war ein Morgenspaziergang. Gustl war noch nicht abrufbar (ist er übrigens nie ganz geworden, Mastini sind eigensinnig), und darum ließ ich ihn nur dann ohne Leine laufen, wenn eine gute Wegstrecke vor mir lag, die ich einsehen konnte. Eines Morgens läuft Gustl den Weg entlang, als plötzlich aus dem Wald ein Jogger auftaucht. Gustl rennt auf ihn zu, will spielen. Gustl ist aber ein Mastino-Welpe, kein Zwergspitz. Gustl wiegt als Welpe schon 30 Kilogramm. Der Jogger mag keine freilaufenden Hunde und keine Frauchen, die Joggern zurufen: „Der will nur spielen!“ Ich kann das übrigens völlig nachvollziehen, das würde mir genauso gehen. Der Jogger ruft: „Nehmen Sie den Hund weg!“ Doch der hüpft neugierig an ihm hoch, ich rufe: „Gustl, hier!“, Gustl findet einen Jogger, der seltsame Bewegungen macht und komische Laute ausstößt, viel interessanter als sein Frauchen. Ein Fiasko.

Wie die Situation ausging, weiß ich ehrlich gesagt nicht mehr genau. Irgendwie muss es ja letztlich geklappt haben, denn irgendwann war ich wieder daheim. Ich notierte mir dieses C. Und machte daraus ein B: Beim nächsten Spaziergang behielt ich Gustl an der Leine und inspizierte die Stelle, an welcher der Jogger aus dem Wald gekommen war. Da war ein kleiner Trampelpfad, mit dem die Jogger sich offenbar eine Abkürzung verschafften.

Das nächste C passierte hinter einem Maisfeld: Eine Reiterin tauchte unvermittelt auf. Das dritte C entstand an einer Kurve, die im Prinzip nicht einsehbar war. Da standen zwei Waldarbeiter und hackten Bärenklau-Pflanzen ab. Nachdem ich diese drei C gesammelt hatte, war mir klar, dass ich einfach viel zu wenig vorausschauend mit dem Hund durch die Welt spaziert war. Ich nahm ab dem Zeitpunkt dieser Erkenntnis meinen Hund schon hundert Meter vor einer suspekten Stelle an die Leine und ließ ihn erst wieder frei, wenn der mögliche C-Punkt hinter uns lag.

Ihnen ist sicher aufgefallen, dass ich in dem Beispiel von meinen C-Situationen mit Gustl gar nicht von einem Bild oder von Erinnerungshilfen gesprochen habe. Ich habe lediglich einen Plan für ein angemessenes Verhalten gemacht. Das können Sie auch! In der Wissenschaft nennt man dieses Vorgehen: Wenn-Dann-Pläne.

Die Wenn-Dann-Pläne

Wir haben bisher darüber gesprochen, wie sich mit Erinnerungshilfen und Training im B-Situationen-Bereich die neuen Nervenverbindungen stärken lassen. Das Vorgehen des ZRM, das mit der Bilderwahl beginnt und auf diese Art das Unbewusste ins Boot holt, stellt sicher, dass spätestens bei der Entwicklung des Motto-Ziels eine Haltung erarbeitet ist, für die hohe Motivation besteht. Verstand und Unbewusstes ziehen an einem Strang und geben gleichermaßen das Okay.

Weil diese gute Motivationslage besteht, kann man sich auch Pläne für einfache Verhaltensregeln ausdenken, sie werden – im Gegensatz zu Plänen, bei denen das Unbewusste nicht im Boot ist – mit hoher Wahrscheinlichkeit in Handlung umgesetzt. Diese Wenn-Dann-Pläne erzeugen Sofort-Automatismen, die ziemlich zuverlässig funktionieren. Der Erfinder dieser Methode ist der Psychologieprofessor Peter Gollwitzer, der an den Universitäten Konstanz und New York Lehrstühle hat. Wer Spaß daran hat, kann den Herrn ruhig mal im Internet suchen, es gibt eine Fülle von Studien zu den Wenn-Dann-Plänen.

Wenn-Dann-Pläne kann man zu allen nur denkbaren Themen bauen, sie müssen nur eine einzige Bedingung erfüllen: Sie müssen sprachlich in der Form „Wenn-Dann“ abgefasst sein, damit sie vom Unbewussten optimal verstanden werden.

Im Prinzip geht es darum, einen Schlüsselreiz aus einer unerwünschten, stressenden, gefährlichen Situation zum Auslöser für ein erwünschtes Verhalten zu machen.

Im Fall vom Gustl und mir hieß mein Wenn-Dann-Plan: *Wenn ich an eine zweifelhafte Stelle im Gelände komme, dann leine ich Gustl präventiv an.*

Man kann übrigens an die Stelle des „dann“ auch eine ZRM-Technik setzen: *Dann sage ich mir mein Motto-Ziel vor – Dann fasse ich meine Erinnerungshilfe an – Dann mache ich mein Micro-Embodiment.*

WENN-DANN-PLÄNE

WENN ich an eine zweifelhafte Stelle im Gelände komme,

DANN leine ich Gustl präventiv an.

Sie haben die Wahl. Wichtig ist auch, dass man sich den Wenn-Dann-Plan einmal aufschreibt. Richtig mit Papier und in Handschrift. So lernt das Unbewusste am besten, was es tun soll. In den Fallbeispielen finden Sie ausführlich beschrieben, wie die einzelnen Hundemenschen sich gute Wenn-Dann-Pläne gebaut haben, um ihre neue Handlungsweise zu untermauern und sich gegen Überraschungen abzusichern.

Zu guter Letzt

Damit neigt sich das Knochen-Kapitel seinem Ende zu. Vielleicht haben Sie beim erstmaligen Durchlesen ein wenig Bammel bekommen, ob Sie diese ganzen Schritte bewältigen können. Es sieht auf den ersten Blick durchaus anspruchsvoll aus. Aber ich bin bester Dinge. Vera Bürgi und die freundlichen Hundemenschen, die uns erlaubt haben, ihre Fallgeschichten für dieses Buch zu verwenden, werden Ihnen immer verständlicher machen, wie das Zürcher Ressourcen Modell funktioniert. Darum machen Sie sich jetzt bitte keinen Kopf, sondern lesen Sie einfach fröhlich weiter, denn jetzt kommt das Fleisch an die Knochen.

Vera Bürgi und die Hundemenschen erwarten Sie schon. Sie werden sich und Ihren Hund sicher in einigen der geschilderten Szenen wiedererkennen. Viel Spaß dabei!

DIE ZRM-REISE KANN BEGINNEN!

Vera Bürgi

Rückblende: Vorstellungsrunde eines ZRM-Workshops in Zürich. Maja Storch möchte wissen, welche Zielgruppen uns am Herzen liegen, wenn wir mit dem Zürcher Ressourcen Modell arbeiten.

„Ich heiße Vera Bürgi", lege ich los, „und interessiere mich für Menschen, die Hunde halten." Überrascht schaut mich die Seminarleiterin an und sagt: „Wir schreiben ein Buch zusammen!" Klar, denke ich, und antworte – so spontan, als sei es das Selbstverständlichste der Welt: „Ja, das tun wir."

Der eintägige Workshop hatte eben erst begonnen, doch viel habe ich davon nicht mehr mitbekommen. Zu euphorisch stimmte mich die Möglichkeit, ein Projekt zu realisieren, das mich insgeheim seit Jahren beschäftigt hatte.

Als Hundehalterin habe ich erfahren, wie anstrengend es ist, wenn man mit dem besten Freund an Grenzen stößt – und wie beflügelnd das Gefühl sein kann, wenn man über diese Grenzen hinauswächst.

Vor mehr als zwanzig Jahren hat sich ein schwarzer Chow-Labrador-Rüde an meine Seite gesellt. Pepe war großartig. Ein in sich ruhender Buddha – es sei denn, er war angeleint und begegnete einem Artgenossen. Dann mutierte mein Hund zum rasenden Berserker. Und das Tohuwabohu war perfekt.

Ich besuchte Hundekurs um Hundekurs, wälzte Hundebuch um Hundebuch – und hatte schließlich ein Schlüsselerlebnis: Ein Hundetrainer förderte mit seiner wachen Präsenz und sicheren Haltung ungeahnte Seiten meines Hundes zutage. Ich hatte bereits ernsthaft an Pepes Hörvermögen gezweifelt, sah dann aber, wie er die Ohren spitzen, auf feinste Anweisungen des Trainers reagieren und lammfromm an der Leine laufen konnte.

Da wusste ich, wer zu lernen hatte. Wie aber sollte ich eine souveräne Haltung aus dem Hut zaubern? Damals hätte ich mir ein Buch wie dieses sehnlichst gewünscht. Aber das gab es nicht.

Irgendwie fanden Pepe und ich zueinander. Aber „irgendwie" war mir nicht genug. Der Gedanke ließ mich nicht los: Es muss doch etwas geben, das Menschen wie mir mit Hunden wie Pepe auf die Sprünge hilft. Nach diesem Etwas hielt ich Ausschau.

Als ich Jahre später auf das Zürcher Ressourcen Modell stieß, wusste ich: Das ist es! Es ist das Puzzleteil, nach dem ich so lange gesucht hatte. Das hilft, in eine Haltung hineinzuwachsen, die dem Hund Halt gibt. Und der Weg dahin macht Spaß. Also absolvierte ich den Lehrgang zur ZRM-Trainerin. Vor diesem Hintergrund erschien es mir in der Vorstellungsrunde zum ZRM-Workshop nur logisch, dass dieses Buch geschrieben werden wollte.

Wie Maja Storch bei mir habe ich bei Steve Lautz offene Türen eingerannt. Auch er stößt an Grenzen, wenn Hundehaltende im Training zwar begreifen, wie sie sich verhalten sollten, das Gelernte aber nicht umsetzen können. Steve vermittelte mir spannende Mensch-Hund-Teams, die bei ihm trainierten und sich dennoch im Kreis drehten.

Die ersten beiden Protagonisten traf ich für das Coaching bei ihnen zu Hause. Mit Ausbruch der Pandemie wich ich in die digitale Welt aus und begegnete den Menschen und ihren Vierbeinern am Bildschirm. Ein Glück, dass das Zürcher Ressourcen Modell sein Potenzial sowohl physisch als auch online entfalten und Mensch und Hund auf faszinierende Weise in Einklang bringen kann.

Mit konkreten Erfahrungsberichten serviere ich Ihnen nun das Fleisch zu den Knochen, die Maja Storch bereits fein säuberlich für Sie ausgelegt hat. Eine Kost, die sich selbstverständlich auch für die Vegetarierinnen und Veganer unter Ihnen eignet.

DER SPEZIELLE GEFÄHRTE

Leroy, 5, Magyar Vizsla

Mara steht auf dem umzäunten Gelände neben ihrem Hund Leroy. Im nächsten Moment wird ein Boxer, der ihnen ungestüm entgegenläuft, die beiden erreichen. Maras Hände werden feucht. Leroy zieht die Lefzen hoch. Mara sieht ihn schon zubeißen. Bloß das nicht! Sie ist nahe dran, ihren Hund zu packen und über den Zaun zu werfen. Doch der Boxer bleibt abrupt stehen, Leroy greift nicht an. Aber er droht. Und das löst bei Mara Panik aus.

Dabei hat sie Erfahrung mit Hunden. Bevor Mara in der Jugend ihren ersten vierbeinigen Freund bekam, führte sie die Hunde der Nachbarn aus. Das tat sie so pflichtbewusst, dass sie die Leine um keinen Preis losgelassen hätte, als ein Königspudel, einer ihrer Gassi-Hunde, ein Kaninchen jagte, auch wenn er sie dabei über den Boden schleifte. Als ihre Kinder aufwuchsen, lebte eine Retriever-Hündin in der Familie. Mit ihr entdeckte Mara den Hundesport, den sie fortan regelmäßig ausübte – auch mit einem freundlichen Dalmatiner, der die Nachfolge der Hündin angetreten hatte.

Und dann kommt dieser Viszla. Schon als Welpe fällt Leroy auf. Als einziger in seinem Wurf spielt er nur wenig mit den Geschwistern. Der Züchter ist froh, als er mit Mara eine versierte Hundehalterin findet, der er dieses, wie er sagt, „spezielle Tier“ anvertrauen kann. Als die Welpen acht Wochen alt sind, lädt er deren künftige Besitzer ein, sich das Gewimmel aus Beinchen, Schwänzchen und Schnäuzchen anzusehen. Fasziniert betrachtet Mara die kleinen Racker, als neben ihr eine Frau auf Leroy weist und sagt: „Schau, wie hässlich der ist, wie seltsam er sich benimmt. Den nähme ich nicht geschenkt.“ „Musst du auch nicht“, erwidert Mara trocken, „der kommt zu mir.“

Leroy ist ausgesprochen sensibel. Sowie Mara oder ihr Mann die Stimme erheben oder der Nachbar draußen seinen Schäferhund anherrscht, verkriecht er sich hinter das Sofa. Außerdem hat Leroy eine Marotte: Sieht er einen Bach, rennt er hin, scharrt hektisch im Wasser und reagiert ungehalten auf jede Annäherung. Schwierig ist auch sein Umgang mit Artgenossen. Zunächst gibt Leroy sich tolerant, sobald ihm aber etwas nicht passt, schnappt er. Mara kann sich auf dieses Verhalten keinen Reim machen. Es macht ihr Angst.

Ausgerechnet Mara hat nun einen Hund, den sie für unberechenbar hält. Mara, die sich dauernd Gedanken darüber macht, was alles passieren könnte, das zwar nie eintritt und doch um jeden Preis verhindert werden muss. In ihrer Verzweiflung geht sie immer forscher mit Leroy um, und der zieht sich zurück. Die beiden finden keinen Draht zueinander. Mara verliert ihre Freude an diesem Hund.

In dieser Situation begegnet sie Steve Lautz, der von nun an mit den beiden arbeitet. Er ermutigt Mara, sich auf Leroy einzulassen und den Hund nicht mit ihrer Angst zu verunsichern. Ein Lernfeld tut sich auf, für das Mara offen ist. Als sie vom ZRM-Coaching hört, ist sie sofort dabei.

Gelassenheit? Aber sicher!

DIENSTAG, 12. FEBRUAR

An einem kalten Winterabend mache ich mich auf den Weg zum ersten Termin mit Mara und Leroy. Das Navi lotst mich in einen Weiler, den ich mir bei sommerlichen 25 Grad durchaus idyllisch vorstellen kann. Jetzt allerdings, bei Temperaturen um den Gefrierpunkt, nehme ich freudig zur Kenntnis, dass mich ein sorgfältig renoviertes Bauernhaus erwartet, das wohlige Wärme ausstrahlt.

Steve ist auch schon da.

Mara empfängt uns herzlich. Leroy tut es verhalten, zeigt sich aber interessiert und ist sichtlich neugierig, wen sein Frauchen so sehnlich erwartet. Wir betreten ein kleines Paradies, in dem sich historische Bausubstanz mit moderner Architektur harmonisch verbindet. Mara geleitet uns durch den Stall in die Küche und an einen massiven Holztisch. Der Geruch von frisch gebackenem Brot lässt mein Herz höherschlagen.

Nach den ersten Begrüßungsworten komme ich auf den näheren Grund unseres Besuches zu sprechen: „Woran willst du arbeiten?"

Ein Schatten zieht über Maras Gesicht, während sie erzählt, wie sehr sie sich vor fünf Jahren auf Leroy gefreut hatte – auf unbeschwerte Streifzüge durch die Natur, auf den Austausch mit anderen Menschen und deren Hunden.

Von diesen Erwartungen hat sie sich verabschieden müssen.

„Leroys unberechenbares Verhalten ist nicht ohne Folgen geblieben", sagt Mara. „Eine Freundin, mit der ich seit zwanzig Jahren mit den Hunden laufe, hat sich zurückgezogen, nachdem Leroy nach ihrem jungen Rüden geschnappt hatte. Er hatte ihn zwar nicht verletzt, aber am nächsten Tag ließ sie mich per SMS wissen, sie werde künftig auf gemeinsame Spaziergänge verzichten."

Auch zu ihrem Pferd könne sie Leroy nicht mitnehmen, fährt Mara fort, weil auf dem Hof andere Hunde freilaufen: „Immer bin ich auf der Hut, alle muss ich bitten, ihre Hunde fernzuhalten. Zugebissen hat Leroy noch nie, aber seine Drohgebärden verunsichern mich. Seit er bei mir ist, bin ich zur Einzelgängerin geworden. Das belastet mich sehr."

„Kennst du diese Angst auch von den Hunden, die du zuvor hattest?", will ich wissen.

„Überhaupt nicht", sagt Mara. „Mit denen war ich stets entspannt unterwegs. Ich blieb selbst dann ruhig, wenn sie einen Artgenossen zurechtwiesen. Bei Leroy sehe ich schon rot, wenn ein Hund in der Ferne auftaucht." Und damit kommt sie auf eine Episode zu sprechen, die sich vor wenigen Stunden ereignet hat: „Ich habe in einer Holzbeige Leckerli für Leroy versteckt. In diesem Moment näherte sich ein Golden Retriever. Ich riss Leroy panisch weg und ließ sein Schlaraffenland unangetastet zurück. Eine solche Reaktion ist zwar reiner Blödsinn – aber der Impuls ist stärker als ich. Mir ist bewusst, dass ich meinen Hund mit dieser Angst einenge."

„Der Trainingsstand von Mara und Leroy ist sehr gut“, analysiert Steve. „Aber nur, solange alles unter Kontrolle bleibt. Bei Übungen läuft Leroy anstandslos an anderen Hunden vorbei. Im Freilauf allerdings weicht Mara zurück, sobald sich ein Hund nähert, womit sie Leroy unbewusst Gefahr signalisiert. Der Hund wird bocksteif und provoziert sein Gegenüber mit drohenden Blicken.“

In solchen Momenten gerät Mara in Panik. Sie malt sich die schrecklichsten Szenarien aus und nimmt kaum noch wahr, was zwischen den Hunden wirklich abgeht. „Es ist aber wichtig“, fährt Steve fort, „dass sie lernt, die Situation zu lesen. Im Training wird Mara mit jeder positiven Erfahrung mutiger. Droht Leroy aber auf einem Spaziergang erneut, fällt sie wieder zurück auf Feld eins.“

Mara seufzt: „Immer, wenn sich unterwegs Hunde nähern, sagt eine innere Stimme in Dauerschleife: Locker bleiben, Schultern runter, tief durchatmen... Damit bin ich so beschäftigt, dass ich nicht mehr wahrnehme, was um mich herum passiert. Leroy ist dann auf sich allein gestellt. Ich weiß doch, wie man einen Hund führt, und verstehe nicht, wieso ich das mit Leroy nicht schaffe!“

„Wenn du Leroy mehr Sicherheit geben könntest...“, beginne ich – und Mara fährt fort: „... dann hätte er vielleicht mehr Freude an seinen Artgenossen. Das wäre allein schon hilfreich, weil wir demnächst mit Freunden und deren jungem Labrador in die Ferien gehen.“

Um eine Vorstellung davon zu bekommen, wie Mara einen Spaziergang allein mit Leroy erlebt, mache ich sie mit der Affektbilanz → S. 24 vertraut, worauf sie positive Gefühle bei 50 verortet, weil sie mit Leroy gerne im Freien ist und Übungen macht. Genießen kann sie das aber nur, wenn sie einen guten Überblick hat und keine Hunde in der Nähe sind. Die negativen Gefühle sieht sie bei 30, weil sie unablässig nach Hunden Ausschau halten muss.

„Was könnte Spaziergänge zu einem positiveren Erlebnis machen?“, will ich wissen.

„Ich will Gelassenheit fühlen können und nicht nur denken müssen“, meint Mara. „Kommt ein Hund, will ich nicht ausweichen oder wegrennen, sondern ruhig weitergehen und darauf vertrauen können, dass der andere Hundehalter sein Tier im Griff hat.“

Als Thema wählt Mara: *Ich will bei Hundebegegnungen Gelassenheit fühlen.* Damit ist ihre Zielvorstellung offenkundig. Wir können uns auf den Weg machen.

MARAS BILDER
ZRM-KARTEI

Ich breite die ZRM-Bildkartei →S. 19 aus, führe Mara mit sanften Worten in einen entspannten Zustand und lasse sie diejenigen Bilder finden, die positive Gefühle bei ihr wachrufen. Das ist bei den Fotos von den Schweinchen, vom Wolf und vom Löwen der Fall. Mara schildert, wie ihr diese Tiere imposant und zugleich zart erscheinen. Sie wirkt jetzt ruhig und zufrieden. Gemeinsam füllen wir einen Ideenkorb →S. 22 mit Begriffen zu den Bildern.

Bevor wir vor der Haustür mit der winterlichen Realität konfrontiert werden, genießen Steve und ich noch einige Köstlichkeiten, die Mara uns auftischt.

Mit einem Apfelmost aus der Region stoßen wir an – auf die Gelassenheit.

Schmusetier

DIENSTAG, 5. MÄRZ

Drei Wochen später sehe ich Mara wieder, diesmal ist Steve nicht dabei. Ein stürmischer Abend hält den meteorologischen Frühlingsbeginn zum Narren. Ich freue mich auf die gemütliche Stube. Als wir uns eingerichtet haben, trollt sich Leroy in sein Körbchen und beobachtet uns aufmerksam. Ich möchte wissen, was in der Zwischenzeit passiert ist.

Mara mag ihre ZRM-Bilder; sie hängen unterdessen im ganzen Haus. Es hätten sich erstaunliche Dinge ereignet, sagt sie: „Neulich nahm ich all meinen Mut zusammen und ließ Leroy vor dem Haus frei laufen. Er rannte ein paar Meter über den Vorplatz, blieb dann stehen und schaute zurück. Vor ihm saß sein bevorzugtes Jagdobjekt – eine Katze. Ruhig sagte ich: ‚Nein, Leroy, lass sie.' Und er kam zurück zu mir. So souverän habe ich mich ihm gegenüber noch nie verhalten."

Damit nicht genug: „Bald darauf", erzählt sie, „fuhr ich mit Leroy auf dem Bock unseres Pferdewagens an einem Bauernhof vorbei. Dort wacht ein Sennenhund, der schon einmal auf den Wagen gesprungen war, als Leroy ihn anschnauzte. Seither gebiete ich meinem Hund, jeweils an diesem Ort still zu sein. Dieses Mal war ich es, die still blieb. Ich stieg vom Bock, verscheuchte den Sennenhund – und Leroy blieb erstaunlich ruhig."

„Mara", freue ich mich, „du strahlst ja übers ganze Gesicht!"

„Ich spüre endlich eine Verbindung zu Leroy. Vorher konnte ich tun, was ich wollte, immer war die Katze wichtiger. Dass der Hund jetzt auf mich hört, berührt mich. Erstaunlich ist auch, wie tolerant Leroy sich verhielt, als wir mit meiner Freundin und deren Labrador unterwegs waren. Noch vor kurzem hätte ich das nicht für möglich gehalten."

Das tönt vielversprechend. Nun widmen wir uns den Worten im Ideenkorb. Nach kurzer Entspannung wählt Mara aus dem Bauch heraus folgende Lieblingsbegriffe: *Die Welt erschnuppern, in sich ruhen, umsichtig, vertrauensvoll, warmherzig, zufrieden, geborgen, gelassen, klug, liebevoll, souverän, Spürnase, Freund, Weite, Horizont, Überblick.*

Als ich ihr diese Worte – bunt und vielfältig zusammengewürfelt – vorlese, sagt sie nachdenklich: „So will ich mit Leroy unterwegs sein. Gelassen und souverän in die Weite ziehen. Mich einlassen auf das, was kommt, und nicht überall Gefahr argwöhnen."

Dabei erinnert sie sich, wie frei sie sich an diesem Morgen im Auto gefühlt hat: „Ich drehte die Musik auf, sang aus vollem Hals mit und spürte dieses tiefe Vertrauen, das sich so anders anfühlt als die Enge, die sich einstellt, wenn ich meine, alles absichern zu müssen. Da spürte ich deutlich: Ich will Leroy nicht mehr derart einschränken – und auch nicht mich selbst."

Aus ihren Lieblingsworten kreieren wir das Motto-Ziel → S. 26: *Warmherzig, vertrauensvoll und souverän geniesse ich die Weite und erkunde die Welt.*

„Meine Welt darf wieder weit werden", freut sich Mara.

Wir transformieren den Satz in ein Embodiment →S. 28, also eine körperliche Bewegungsfolge: Bei *warmherzig* geht die Hand zum Herz, bei *vertrauensvoll* hebt sich der Kopf, bei *souverän* öffnen sich die Schultern, bei *genieße ich die Weite* schweift der Blick in die Ferne, und bei *und erkunde die Welt* hebt sich die Hand über die Augen.

„Das gefällt mir", sagt sie.

Jetzt verfügt Mara über erste Ressourcen, die ihr helfen, Begegnungen mit anderen Hunden gelassener anzugehen. Sie meint: „Das passt. Wenn ich diese Haltung verinnerliche, gewinne ich Leroys Vertrauen. Da bin ich mir sicher."

Als ich aufbreche, fällt ihr noch etwas ein: „Leroy mochte bisher nicht angefasst werden. Sowie ich mich seinem Körbchen näherte, schoss er auf. Seit unserer letzten Sitzung jedoch schmiegt er sich bei mir an und will gestreichelt werden. Offensichtlich profitiert er von dem, was wir hier machen. Und das macht mich glücklich."

Wie auf Wolken

DIENSTAG, 12. MÄRZ

Ein Hauch von Frühling liegt in der Luft. Mara kredenzt Apfelmost und erzählt, wie sie in der vergangenen Woche mit der Bewegung laufend ihre Motto-Ziel-Haltung aktivieren konnte.

Ich bin gespannt zu hören, was das bewirkt hat.

„Im Gruppentraining bei Steve arbeiteten wir am Bach", führt Mara aus. „Da gelang es mir tatsächlich, Leroy davon abzuhalten, sich ins Wasser zu stürzen. Mir war mulmig zumute, aber ich ließ ihn freilaufen. Plötzlich rannte er ausgelassen mit einer Dogge über die Wiese. Als ich sah, wie entspannt er war, ging mir das Herz vor Freude auf."

Allein hingegen sei es mit Leroy noch immer nicht einfach: „Ich bleibe ruhig, wenn ich in der Ferne einen Hund sehe. Kommt der aber näher, beschleunigt sich mein Puls."

Einmal, erzählt sie, habe Leroy neben ihr gesessen, als ein Artgenosse sich ihnen näherte. Da habe sie ihre Bewegungen ausgeführt: Hand aufs Herz. Kopf hoch. Schultern weit. Augen in die Ferne.

Leroy ließ den Hund entspannt passieren.

In einer ähnlichen Situation, gesteht Mara ein, sei ihnen ein Hund begegnet, der habe zu bellen begonnen, und auch Leroy habe wieder losgelegt. „Da dachte ich verzweifelt: Das schaffe ich nie! Wenn ich mir vorstelle, wie ein Hofhund auf uns losstürmt, kommt es mir sehr unwahrscheinlich vor, dass ich eine Chance habe, in der neuen Haltung zu bleiben."

Ich schmunzle. Mara neigt dazu, sich Extremsituationen auszumalen. „Bei freilaufenden Hofhunden bricht auch mir der kalte Schweiß aus", beruhige ich sie. „Trotzdem: Mit etwas Übung wirst du auch beim Spazierengehen besser in der Haltung bleiben können." Ich erkläre Mara, wie Automatismen – etwa ihr Drang wegzurennen, wenn ein Hund kommt – sich im Hirn festsetzen. Und weshalb es Geduld braucht, dies zu ändern.

Dann stelle ich fest: „Was sich bisher getan hat, vermittelt den Eindruck, dass du die neue Haltung schon gut integriert hast."

„Oh ja!", bestätigt Mara. „Die Spannung lässt nach. Irgendwie fühlt es sich an, als würde ich auf Wolken schweben. Und wenn die Angst dennoch zurückkommt, beruhige ich mich mit der Motto-Ziel-Bewegung. Als ich Leroy mit der Dogge rennen sah, begriff ich, wie sehr es ihm hilft, wenn ich mich entspanne. Es war zauberhaft, die beiden zu sehen. Wäre er ein Kind, er hätte laut ‚Juchee!' geschrien. Noch nie habe ich ihn so glücklich gesehen."

Erinnerungshilfen →S. 31 sollen die neue Haltung nun festigen. Wir sammeln Ideen, die Mara helfen können, sich ihr Motto-Ziel den ganzen Tag über zu vergegenwärtigen.

Zufrieden trete ich hinaus in die kühle Abendluft und freue mich über das Wunder, das ich erleben darf: Mara und Leroy blühen auf. Sie haben zueinander gefunden.

Auf den Punkt gebracht

DIENSTAG, 26. MÄRZ

Auf geht's! Ich kann es kaum erwarten, die Fortsetzung der Geschichte zu erfahren. Zur vereinbarten Abendstunde komme ich an. Mara und Steve erwarten mich bereits.

Mara zeigt uns eine kleine Sammlung von Objekten, die auf sehr persönliche Weise ihr Motto-Ziel – *Warmherzig, vertrauensvoll und souverän genieße ich die Weite und erkunde die Welt* – in Erinnerung rufen: Hier ein Armband, da ein Lippenstift und ein Haargummi, dort eine Wasserflasche sowie ein Duft fürs Auto und noch einer für zu Hause. „All das verbinde ich mit meiner neuen Haltung."

Das gilt genauso für die grünen Socken, die sie immer trägt, wenn sie mit Leroy unterwegs ist. „Die stehen für mein Vertrauen, dass alles im grünen Bereich bleibt", erläutert sie und fährt schmunzelnd fort: „Aber das Beste ist die kleine Sau im Auto. Nur ich weiß, was sie auf dem Armaturenbrett verloren hat. Sie erinnert mich an mein Bild und bringt mich regelmäßig zum Lachen!"

„Wunderbar“, freue ich mich. „Erzähl: Was hast du in der Zwischenzeit erlebt?“

Mara beschreibt, wie sie mit ihrer Freundin und deren Labrador laufen ging, was sie nun öfter tue, um die Hunde vor den Ferien aneinander zu gewöhnen. „Wir hielten Abstand zueinander, Leroy gab sich zunächst tolerant, aber als der Labrador überraschend auf ihn zuging, begann er zu knurren. Und schon fürchtete ich wieder, er würde auf den jungen Hund losgehen. Deswegen hätte ich heute den Spaziergang fast abgesagt. Mit einem mulmigen Gefühl fuhr ich doch zum Treffpunkt. Leroy behielt den Labrador im Auge, blieb aber ruhig.“

„Genieß, was bereits klappt“, ermahnt Steve. „Was das Knurren betrifft: Es ist wichtig, dass Leroy anzeigt, wenn es ihm zu viel wird. Nur so kannst du richtig auf ihn reagieren.“

„Wenn es mich nur nicht so erschrecken würde“, seufzt Mara. „Es gab aber auch Momente, die mich hoffen lassen. Kürzlich etwa stieg der Nachbar über unseren Zaun. Im Garten sah ich seinen Schäferhund vor Leroy stehen. Die Situation war angespannt. Ich dachte: Mara, tu, als ob nichts wäre, lief hinaus und sagte, während er seinen Hund anbrüllte, ruhig zu Leroy: ‚Komm, es gibt eine Belohnung!‘ Leroy: Belohnung?!? – und schon war er bei mir. Ich war richtig stolz.“

„Eine großartige Reaktion!“, lobe ich.

„Es ist einiges in Bewegung geraten“, fährt Mara fort. „Mein Vertrauen in Leroy wächst zusehends. Ich habe mittlerweile richtig Freude an ihm. Zu Hause weicht er kaum mehr von meiner Seite, draußen lasse ich ihn an Orten frei, an denen ich das bisher nie getan hätte. Wenn ich die Situation überblicken kann, darf er auch mal vorauslaufen. Kürzlich war er rund dreißig Meter entfernt, als plötzlich eine Gruppe von Radfahrern auftauchte. Denen läuft er gerne mal vor die Räder. Ich rief: ‚Leroy, sitz!‘ Und er setzte sich.“

„Und das auf diese Distanz. Aber eben: warmherzig, vertrauensvoll und souverän ...“, präzisiere ich.

„Mit dem Motto-Ziel hast du die Situation geregelt“, staunt Steve. „Das ist unglaublich.“

„Ja, vor allem deshalb“, gebe ich zu bedenken, „weil du Leroy noch bis vor kurzem kaum hast freilaufen lassen können.“

Nun schauen wir, dass Mara ihre Motto-Ziel-Haltung im Alltag verankern kann. Meine Fragen nach den festgestellten Veränderungen haben sich zu Beginn der Sitzungen jeweils auf die A-Situationen → S. 38 bezogen. Ich erkläre, was es damit auf sich hat. Mara ist sichtlich angetan von der Aussicht, sich für erfolgreiche Schritte zu belohnen. Als Weinliebhaberin schmiedet sie einen köstlichen Plan: „Bei zwanzig Erfolgen kaufe ich einen Rotwein für zwanzig Franken, bei vierzig einen für vierzig Franken, bei sechzig einen für sechzig ...“

Als wir die B-Situationen → S. 40 besprechen, fällt ihr eine Herausforderung ein, die sich ihr in der kommenden Woche stellen wird: „Wenn wir im Training auf dem eingezäunten Gelände arbeiten, fühle ich mich beengt, sobald Hunde uns entgegenstürmen. Da habe ich immer noch Angst, Leroy könne austicken. Dann würde ich ihn am liebsten über den Zaun werfen.“

„Das tönt nach Panik“, wende ich ein. „Auf unserem Schwierigkeitsthermometer steigt das wohl deutlich über 60.“

„Wenn ein Hund auf uns zukommt, den Leroy mag, ist es nicht so schlimm“, meint Mara.

„Wie schwierig wird es dann sein, deine Motto-Ziel-Haltung zu bewahren und souverän zu bleiben?“, will ich wissen.

„Das ist etwa bei 60. Aber nur, wenn Steve in der Nähe ist. Dann kann ich darauf vertrauen, dass alles im grünen Bereich bleibt“, seufzt sie.

Steve verspricht, ein Auge auf sie und Leroy zu haben.

Gemeinsam überlegen wir, welche Erinnerungshilfen sie dabei unterstützen können, in dieser Situation in der Haltung zu bleiben.

Mara beschließt, ein T-Shirt mit Leroys Konterfei bedrucken zu lassen. Gut gefällt ihr die Idee, dazu eine Schirmkappe zu tragen, die

WENN-DANN-PLAN VON MARA

WENN mir eng wird,

DANN drehe ich die Schirmkappe nach hinten und gehe in die Motto-Ziel-Haltung.

sie an die „Hand über die Augen“-Geste aus ihrer Motto-Ziel-Bewegung erinnert. Für den Fall, dass sie aus der Haltung zu fallen droht, kreieren wir einen Wenn-Dann-Plan: *Wenn mir eng wird, dann drehe ich die Schirmkappe nach hinten und gehe in die Motto-Ziel-Haltung.*

Die Vorstellung lässt Mara schmunzeln: „T-Shirt und Schirmkappe müssen natürlich genauso grün sein wie meine Socken.“ Doch dann fragt sie: „Kann ich auch möglichst lange warten mit dem Drehen der Kappe, um die Situation länger auszuhalten?“

„Nein!“, wende ich bestimmt ein. „Wird dir eng, besteht die Gefahr, dass du aus der Haltung fällst. Und das willst du auf keinen Fall. Du sollst nicht aushalten, sondern dich mit deinen Ressourcen verbinden.“

Mara lacht verlegen. Sie hat verstanden.

Mit Bravour gelöst

DONNERSTAG, 11. APRIL

Die letzte Sitzung halten wir auf Steves Trainingsgelände ab. Ich reise mit dem Zug an und werde von Mara und Leroy am Bahnhof erwartet. Während wir gemeinsam einem Bach entlanglaufen, taucht ein Mann auf, der seelenruhig seinen angeleinten Hund an uns vorbeiführt. Trotzdem macht Mara einen winzigen Sprung zur Seite – eine verhaltene Schreckreaktion, die witzig aussieht und so gar nicht zur entspannten Situation passen will.

Ein Nieselregen setzt ein, als wir beim Hundeplatz ankommen. Die Arbeitsbaracke, in der wir Zuflucht suchen, ist nicht so gemütlich wie Maras Bauernhaus, aber trocken.

Wir setzen uns an einen Tisch, und Mara beginnt zu erzählen: „Als ich Leroy hier auf dem eingezäunten Gelände freiließ, konnte ich kaum glauben, was ich sah: Die Gelassenheit, mit der er den anderen Hunden begegnete, hätte ich ihm nie zugetraut. Selbst Körperkontakte machten ihn nicht nervös.“

„Leroy hat sich so frei bewegen können“, erklärt Steve, „weil du so entspannt warst. Du hast beobachtet, was wirklich abgeht, statt lähmende Befürchtungen zu nähren.“

„Was für eine Entwicklung“, freue ich mich. „Leroy ist selbstsicherer geworden.“

„Und auch ich habe Sicherheit gewonnen", sagt Mara. „Ich sehe, wie gut er den Freilauf meistert, selbst dann, wenn sich Hunde nähern, die er weniger mag."

Sie erzählt von einem bemerkenswerten Zwischenfall: „Vor einigen Tagen war ich mit meinem Mann, dem Pferd und Leroy im Wald unterwegs. Plötzlich taucht vor uns der Sennenhund vom Nachbarhof auf. Ich denke nur: Na bravo, das kann ja heiter werden! Mein Mann stellt das Pferd quer, der andere Hund hechtet unter dessen Bauch und schießt auf Leroy zu. Erst wollte ich mit ihm die Flucht ergreifen. Aber dann ließ ich spontan die Leine los, ging stoisch weiter und sah aus dem Augenwinkel, wie Leroy bocksteif mit gesträubtem Fell dastand und beschnuppert wurde. Wir waren schon ein gutes Stück weiter, als er wie eine Rakete angeschossen kam. Ich lobte ihn und leinte ihn ruhig an."

„Das war eigentlich eine C-Situation → S. 42", erkläre ich. „Es erwischte dich kalt, aber du hast dich goldrichtig verhalten und die C zur A gemacht. War dir die Haltung da präsent?"

Mara erinnert sich daran, wie sie zusammenzuckte, als sie den Hund kommen sah: „Aber dann öffnete ich die Schultern und machte mich weit. Es war die Motto-Ziel-Bewegung, die mir zum Rettungsanker wurde."

Von der hysterischen Hundemutter, die sie für Leroy einmal gewesen sei, sagt sie, entwickle sie sich zu einer berechenbaren Hundeführerin. Etwas frustrierend sei allerdings, dass sie dennoch immer wieder mal erschrecke, wie ich vorhin am Bach gesehen habe.

„Lass dir Zeit“, mahne ich. „Die Entwicklung, die du beschreibst, ist großartig. Nun ist wichtig, dass du weiterhin B-Situationen bearbeitest. Das kann ein solcher Spaziergang sein. Wenn du dir da die Haltung vergegenwärtigst, sollte eine Begegnung, wie wir sie erlebt haben, keinen ‚Seitensprung‘ mehr auslösen.“

Mara nimmt die Anregung auf und kommt wieder auf den Labrador ihrer Freundin zu sprechen. Die beiden Frauen haben im Hinblick auf die gemeinsamen Ferien eine Einzelstunde bei Steve gebucht. „Sie will“, seufzt Mara, „dass wir die Hunde hier freilaufen lassen, damit du siehst, wie sie sich verhalten. Aber das bereitet mir extremes Unbehagen.“

Steve beruhigt sie: „Wenn du ein derart ungutes Gefühl hast, nehmen wir das ernst. Ihr habt drei Wochen Ferien. Da könnt ihr es langsam angehen lassen. Wertvoll an den B-Situationen ist auch die Schärfung der eigenen Wahrnehmung. Du legst dir Rechenschaft darüber ab, was für dich machbar ist und was noch nicht geht. Damit bestimmst du souverän, was passiert. Und es ist nicht dein Hund, der letztlich die Situation klären muss.“

„Weniger ist mehr“, pflichte ich ihm bei. „Fordere dich im Schwierigkeitsgrad zwischen 40 und 60 und vermeide Misserfolge, die sich zwangsläufig einstellen, wenn du dir mehr zumutest, als du meistern kannst. So wird deine Haltung stärker, und du wirst bald auch in schwierigeren Situationen gelassen bleiben können.“

Mara lächelt: „Das nehme ich mir zu Herzen.“

Ich lasse sie erneut eine Affektbilanz zu einem Spaziergang machen, bei dem sie mit Leroy allein ist. „Meine positiven Gefühle erreichen 85“, sagt Mara. „Leroy hört gut auf mich, und ich habe erkannt, dass er mit vielen Situationen umgehen und sich mit Hunden

arrangieren kann, die sich zurückhalten und eine gewisse Distanz wahren.“ Die Zahl 20 auf der Negativ-Skala steht für Hunde, denen sie begegnen, die genau dies nicht tun.

Wir nähern uns dem Ende des gemeinsamen Abenteuers. Mara zeigt sich berührt, wie innig sie und Leroy nun verbunden sind: „Das Coaching hat mir sehr geholfen, und dank dir, Steve, haben wir die neue Haltung laufend in die Praxis einarbeiten können. Eine perfekte Kombination!“

„Leroy profitiert von deiner Gelassenheit, die du wiederum ihm verdankst“, sage ich augenzwinkernd. „Es wird wohl kaum ein Zufall gewesen sein, dass ausgerechnet dieser Welpe den Weg zu dir gefunden hat.“

„Das sehe ich heute auch so“, bestätigt Mara. „Jetzt gefällt mir an Leroy genau das, was mich bisher an ihm störte. Er ist halt ein bisschen speziell.“

Raus aus dem Karussell

Steve Lautz über *Leroy*

Wenn Leroy einem anderen Hund begegnete, kommunizierte er jeweils äußerst körperbetont: Er verlagerte sein Gewicht nach vorn, baute sich auf und imponierte mit drohendem Gebaren. Würde ein Schäferhund sich so verhalten, wäre ich alarmiert. Bei Leroy war ich es nicht. Ich sah, wie er zwischen Neugier und Misstrauen schwankte. Mit seiner Wehrhaftigkeit suchte er diesen Zwiespalt zu überspielen.

Sein Verhalten war erlernt. Mara traute dem unsicheren Leroy nicht und ging anderen Hunden konsequent aus dem Weg. Leroy begriff: „Kommt ein Hund, naht Gefahr. Besser mal präventiv drohen."

Präventiv drohen: Ein Klassiker im Hundetraining.

Damit befeuerte er Maras Bedenken. Sie wich zurück und gab Zug auf die Leine. Was wiederum Leroys Verdacht erhärtete: „Hier ist definitiv etwas im Busch!" Ein Klassiker im Hundetraining.

Mara erkannte, dass sie und Leroy in einem Karussell der Angst und Aggression gefangen waren. Im Training lernte sie, das Verhalten ihres Hundes zu lesen und ihn im Austausch mit Artgenossen genau zu beobachten. Technisch verhielt sie sich bei Hundebegegnungen bald korrekt. Wenn sie aber nach einer gelungenen Begegnung aufatmete – „Es hätte ja auch schiefgehen können!" –, war Leroy verwirrt: „War das also doch gefährlich?"

Auf dem Hundeplatz schenkte Mara Leroy zunehmend Vertrauen. An die Wurzeln ihrer Bedenken kamen wir aber nicht heran. Hundert Mal konnte der Hund sich korrekt verhalten, aber wenn er nur einmal eine Drohgebärde machte, war Maras Angst sofort wieder da. Diesen Knoten konnte erst das ZRM lösen.

Die Motto-Ziel-Haltung hilft Mara, Ruhe zu bewahren. Damit gibt sie Leroy den Halt, den er so dringend braucht. Die beiden lassen sich aufeinander ein. Endlich darf Leroy auch einmal freilaufen und sich im Training unbeschwert mit Artgenossen austauschen, was er sichtlich genießt. Mara sieht, wie bei Rennspielen selbst Hundefreunde einander drohen, wenn einer mal zu wild wird. So kommunizieren Hunde nun mal.

Akzeptieren muss sie allerdings, dass Leroy nicht alle Hunde in seiner Nähe duldet. Ich bin aber sicher: Wenn Mara weiter mit den B-Situationen arbeitet, wird sie immer besser erkennen können, was sie sich und ihrem Hund zumuten kann – und was (noch) nicht.

DER CHARMANTE SCHREIHALS

Benji, 3, Parson Russell Terrier

Lange hat sich Karen auf diese Reise gefreut. Sie will mit ihrem Vater und Benji ein Wochenende in Hamburg verbringen. Fast nie ist sie, aus dem Berner Oberland stammend, im Ausland, und nur selten hat sie Gelegenheit, etwas mit ihrem Vater zu unternehmen. Sie sieht sich schon mit ihm die Elbe entlangschlendern, den Hafen besichtigen und die gemeinsame Zeit genießen.

An einem lauen Sommerabend bestellen sie auf der Terrasse ihres Hotels ein erfrischendes Getränk. Das Abenteuer kann beginnen.

In diesem Moment geht das Spektakel los: Zwei weitere Hunde betreten die Szene. Benji begleitet deren Auftritt so lautstark, dass sein Kommentar den Menschen auf der Terrasse durch Mark und Bein geht und erboste Blicke sich auf den Tisch richten, an dem Karen vor Scham im Boden versinken möchte. Fünf nervenaufreibende Minuten lang lässt sich Benji nicht beruhigen. Karen geht mit ihm aufs Zimmer, und der Vater verzehrt sein Abendessen allein, bevor er Karen ablöst.

Aus der Traum vom entspannten Wochenende. Karen hatte inständig gehofft, Benji würde es auf die Reihe kriegen. Aber ein Restaurantbesuch ist für den Hund eine veritable Herausforderung. Das liegt an seiner Vergangenheit: Was Benji in seinem kurzen Leben bereits durchstehen musste, ist schwer nachvollziehbar.

Gleich nach seiner Geburt setzt die Pechsträhne ein. Eine Schweizer Züchterin verkauft den niedlichen Welpen an eine Familie, bei der er sich bald schon als der eigenwillige Terrier entpuppt, der er nun mal ist. Die neuen Halter sind hoffnungslos überfordert.

Hundetraining? Beschäftigung? Fehlanzeige!

Der Tierarzt soll es richten. So werden Symptome zur Diagnose: Benji wird das Etikett „Hyperaktivitäts-Hypersensibilitäts-Syndrom" verpasst. Mit einem haarsträubenden Cocktail aus Ritalin, Beruhigungsmitteln, einem Antiepileptikum, einem Anti-Depressivum sowie Tabletten gegen Verhaltensstörungen wird er „therapiert".

Da ist der Hund gerade mal fünf Monate alt.

Der Tierarzt nimmt Benji einen Monat lang zu sich und unterzieht ihn in der Tierklinik einer Verhaltenstherapie – mit dem Resultat, dass der zunehmend gestresste Vierbeiner beginnt, seine Rute blutig zu beißen, worauf diese kurzerhand amputiert wird. Benjis Halter werden angewiesen, ihrem Hund dauerhaft eine Halskrause oder einen Maulkorb überzustülpen, um weiteren Verletzungen vorzubeugen. Die brachialen Maßnahmen bewirken das Gegenteil des erwünschten Ziels. Statt ruhiger wird der Hund zunehmend nervöser. Mit sieben Monaten wird Benji auch noch kastriert und wenige Wochen später als hoffnungsloser Fall ins Tierheim abgeschoben.

Das Tierheim wird für Benji kurz darauf zum Sprungbrett ins Glück – und das heißt Karen. Die Berner Oberländerin hat es ins Unterland verschlagen, wo sie eine Anstellung in der Logistik-Branche gefunden hat; sie fühlt sich entwurzelt, sehnt sich nach einem Gefährten. Als ihr Arbeitgeber Hunde im Büro erlaubt, zögert sie keine Sekunde und entdeckt im Internet den wuscheligen Benji.

Liebe auf den ersten Blick sei es gewesen, erzählt sie. Bei ihrem Besuch im Tierheim sei ihr der Junghund wedelnd und winselnd entgegengestürmt. Es habe sie nicht gekümmert, dass er abgemagert war und ein stumpfes Fell hatte.

Karen adoptiert Benji und wird vom Tierheim über seine unglaubliche medizinische Vorgeschichte in Kenntnis gesetzt.

Benji wirkt zunächst dumpf. Er zieht sich zurück, fügt sich aber keine weiteren Verletzungen zu. Nach und nach taut er auf, erlaubt Körperkontakt und wird schon bald zum Schmusehund. Karen liebt es, die Welt mit ihrem neuen Gefährten zu erkunden, der staunend die vielen Eindrücke aufnimmt. Benjis Leben wird lebenswert. Zusammen besuchen sie mehrmals pro Woche Steves Hundeschule. Benji, der mit rudimentären Anweisungen wie „Sitz“ oder „Platz“ zunächst nichts anzufangen weiß, lernt rasch und blüht förmlich auf.

Zwei Jahre gehen ins Land. Karen hat Geduld mit ihrem eigenwilligen Terrier, beide machen Fortschritte. Ausgesprochen anstrengend ist jedoch Benjis unüberhörbare Reaktion auf Spannungen, die in der Luft liegen, auf nervöse Menschen und fremde Hunde: Da verfällt er immer noch in Schreiorgien, die für Karen zur Grenzerfahrung werden. Eine fatale Abwärtsspirale setzt ein: Je unruhiger Karen wird, desto heftiger schrillen Benjis Alarmglocken.

Dies wiederum steigert Karens Nervosität, worauf Benji nur noch ohrenbetäubender kreischt.

Dramatisch gestaltet sich jeweils die Ankunft beim Trainingsgelände, wo Hunde und Menschen herumlaufen. Benji fiept, Karen wird es mulmig – und schon geht das Drama los.

Benjis Hysterie, sagt Steve, sei ritualisiert, entsprechend schwierig sei es, ihr zu begegnen. Das könne sich nur bessern, wenn Karen ruhiger werde und es auch dann bleibe, wenn Benji loslegt.

Es frustriert Karen, dass sie so viel mit Benji arbeitet und das Problem sich dennoch verschärft. Sie weiß ja, dass sie es gelassener angehen sollte, wenn Benji akustisch entgleist. Er schreit? Dann ist es halt so. Menschen schauen genervt? Deren Problem.

Sie würde es so gerne packen. Aber wie soll das gehen? Als Steve ihr anbietet, Protagonistin für dieses Buch zu werden, nimmt sie diese Chance dankbar an.

Der Hase im Pfeffer

FREITAG, 4. OKTOBER

Steve und ich besuchen Karen in ihrer Dachwohnung, die heimelig ist wie eine Alphütte. Benji begrüßt uns lautstark, und noch während mir sein „Hallo“ in die Knochen fährt, begreife ich, weshalb Karen sich in Benji verlieben konnte: Der kleine Kerl hat Charme. Da wir zuvor schon miteinander telefoniert haben, kommen wir bei einem herrlich würzigen Alpenkräutertee gleich zur Sache. Ich erzähle von Verstand und Unbewusstem → S. 16, weshalb man sich Gelassenheit nicht einfach vornehmen, unter Stress aber tatsächlich gelassen bleiben kann.

Karen atmet hörbar auf: „Dann ist das also normal?“

„Klar! Nur: Es muss ja nicht unbedingt so bleiben!“

Welchen Wunsch hat sie an die Arbeit mit dem ZRM? Mit fester Stimme antwortet Karen: „Ich will im Umgang mit Benji – und auch generell in schwierigen Situationen – gelassener werden." Derweil rast ihr Hund hechelnd durch die Wohnung, worauf Steve augenzwinkernd fragt: „Wenn er sich so verhält wie jetzt?"

„Bei euch beiden geht das ja. Würde aber irgendjemand schräg schauen oder mir komisch kommen – so nach dem Motto ‚Was ist denn das für ein seltsamer Hund?' – das wäre der Horror."

Sie will also generell gelassener bleiben. Interessant.

„Wie sehen denn andere schwierige Situationen aus?", frage ich. Sie erzählt, wie gewisse Kunden in einem Ton, den sie unerträglich finde, auch dann reklamierten, wenn sie deren Auftrag perfekt abwickle. „Alles zu teuer, alles zu langsam – und dafür müsse man noch bezahlen! Die verstehen unsere Arbeitsabläufe nicht und waschen mir den Kopf!"

„Du wirst bloßgestellt", überlege ich. „Und genau das geschieht auch, wenn Benji schreit."

„Bingo", sagt sie. „Zerrt er an einem guten Tag an der Leine, wenn ein Hund kommt, ist dabei aber still, ist das kein Problem – merkt ja keiner. Schreit er aber, und alle schauen ..." Karen verzieht das Gesicht zu einer Grimasse. „Das ist grässlich! Ich will nicht im Mittelpunkt stehen und schlängle mich lieber am Rand durch. Wenn ich etwas zu sagen habe, sage ich es. Aber ich drängle mich nicht vor."

Ich schmunzle: „Das tut Benji schon für dich!"

„Genau!", bestätigt sie. „Schaut alle her, wie laut ich sein kann! Genau wie die motzenden Kunden – und auf die bin ich allergisch."

Da also liegt der Hase im Pfeffer. Nun lässt Benji lautstark wissen: Hey, Karen und ich sind da! Und alle Welt blickt auf die beiden. Karen lacht gequält, aber ich beruhige sie: „Das gehen wir an. Was wäre, wenn du in einer Situation, wo Benji dich in den Fokus versetzt, gelassen bleiben könntest?"

THEMA UND WUNSCH

Ich möchte in jeder Situation,
mit oder ohne Benji, gelassener werden.

„Das nähme mir den Druck", seufzt sie. „Auf dem Hundeplatz, im Büro – den Druck kenne ich, seit ich denken kann. Das war schon in der Schule so. Grauenhaft, wenn ich beim Turnen etwas vormachen sollte! Ich fühlte mich ausgestellt und hatte das Gefühl, alle würden über mich reden. Allein der Gedanke daran machte mich fertig."

„Klar, wohin die ZRM-Reise geht?", frage ich.

„Ja“, bestätigt Karen. „Du hast es auf den Punkt gebracht. Benji wird cooler sein, wenn am anderen Ende der Leine Ruhe ist. Und ich freue mich auf mehr Gelassenheit!“

Steve ist beeindruckt: „Klingt gut! Ihr werdet Riesenschritte machen, wenn das klappt. Solange er dir die Ruhe nicht abkauft, können wir so viel trainieren, wie wir wollen, und kommen trotzdem nicht weiter.“

Benji stimmt geräuschvoll zu.

„Ein himmlischer Klang“, sagt Steve, verdreht die Augen und knuddelt den Kleinen.

Karens Thema →S. 21 ist zugleich ihr sehnlichster Wunsch – er lautet klar und deutlich: *Ich möchte in jeder Situation, mit oder ohne Benji, gelassener werden.*

Zum Soundtrack von Benjis Fiepen lege ich die ZRM-Bilder →S. 19 aus. Wir machen uns auf in die Gefilde des Unbewussten, wo Gefühle und Empfindungen den Ton angeben. Karen entspannt sich, und mit ihr tut es Benji. Als sie sich die Bilder ansieht, springen sie der Solitärbaum, die Flammen und das Wasser förmlich an.

„Der Baum“, strahlt sie, „erinnert mich an die Linde unseres Nachbarn im Berner Oberland. Ich könnte stundenlang lauschen, wie der Wind durch ihre Blätter rauscht. Beim Wasser höre ich den Brunnen hinter dem Elternhaus plätschern, und das Feuer erinnert mich an kalte Tage, wenn die Familie in der Stube beisammensitzt und das brennende Holz im Specksteinofen knistert.“

Karen schwelgt in Gedanken.

„Gefällt dir die Antwort deines Unbewussten?“

„Sie ist unglaublich schön!“

Gemeinsam mit Steve assoziieren wir Begriffe zu den Bildern und füllen damit einen Ideenkorb →S. 22. Die Worte fließen nur so aus uns heraus und füllen bald mehrere Seiten. Karen ist glücklich. „Faszinierend“, überlegt sie, „wie vielen Einflüssen so eine Linde ausgesetzt ist und wie stoisch sie dabei stehen bleibt.“

KARENS BILDER

ZRM-KARTEI

Standhaft wie ein Bergwald

FREITAG, 11. OKTOBER

Eine Woche später braut Karen wieder ihren sagenhaften Tee und sagt: „Benji und ich waren nach der letzten Sitzung fix und fertig! Da passiert etwas. Die Bilder tauchten oft vor meinem inneren Auge auf, und unablässig ging mir unser Gespräch durch den Kopf."

Ich nehme den Faden auf: „Gelassener werden. Auch wenn du unfreiwillig und auf peinliche Weise im Mittelpunkt stehst und meinst, andere zerreißen sich das Maul über dich."

„Auf der einen Schulter sitzt dann ein Teufelchen und sagt: ‚Die reden über dich'", ergänzt sie. „Auf der anderen widerspricht ein Engelchen: ‚Quatsch, ist doch egal, wenn was nicht klappt.'"

„Lass uns schauen, welche Worte aus dem Ideenkorb zu Baum, Wasser und Feuer deinem Unbewussten besonders gefallen, wenn es darum geht, das Teufelchen zu überlisten und das Engelchen zu bestärken."

Nach einer kurzen Entspannungsübung lese ich Begriffe aus dem Ideenkorb vor, aus denen sich Karen gefühlsmäßig die folgenden herauspickt: *Wärme, Lebenskraft, Harmonie, Naturkraft, Bergwald, Blätterdach, Wasserfall, Kraftquelle, verwurzelt, standhaft, beständig, glitzernd.*

Ich lese es mehrmals vor. Sie genießt diese Wortdusche und sagt erstaunt: „Das bin ich. Wo ich mich wohlfühle, was ich gerne tue, wo ich Kraft tanke – all das steckt in diesen Worten. Das ist extrem schön!" Im Motto-Ziel → S. 26 verdichten wir die Begriffe: *Naturkräftig und standhaft verwurzelt wie ein Bergwald genieße ich den wärmenden Wasserfall meiner glitzernden Lebenskraft.*

„Wow!", sagt sie und strahlt über das ganze Gesicht. „So kann ich gelassen sein, voller Kraft und Selbstvertrauen. Und so kann Benji mir vertrauen. Was mich nicht kümmert, muss auch ihn nicht kümmern. Ich beschütze ihn. Nicht als Baum, sondern als ganzer Bergwald.

Naturkräftig und standhaft verwurzelt
wie ein Bergwald genieße ich den wärmenden Wasserfall
meiner glitzernden Lebenskraft.

Er muss nicht mehr allein kämpfen, kann Verantwortung abgeben. Ich passe auf ihn auf. Bei der Arbeit sehe ich mich in stressigen Momenten die Augen schließen, Bergkraft tanken und mir sagen: Denkt, was ihr wollt, ich weiß, was ich tue. Mit diesem Lebensgefühl geht mir vieles nicht mehr so nah. Das ist megaschön!"

Während Karen dies realisiert, verändert sich in ihr etwas Grundlegendes: Gelassenheit ist kein Wunsch mehr, sondern klarer Wille.

Im Dialog mit der Natur

FREITAG, 18. OKTOBER

Karen ist zurück aus den Ferien, die sie natürlich im Berner Oberland verbracht hat. Sie erzählt, wie sie sich das Motto-Ziel auf einer Wanderung einverleibt hat: „Als ich die mächtige Energie der Bergwelt real erlebte, begriff ich erst, welche Kraft in diesen Worten steckt. Die Naturkraft der Berge erdet mich – und hier im Unterland brauche ich sie."

Sie zeigt mir eine Handyaufnahme, auf der sie durch eine Berglandschaft wandert und dabei ihr Motto-Ziel rezitiert. „Schau mal: Da stimmte alles. Ganz allein habe ich die Natur in mich eingesogen. Umgeben von Wasserfällen und Bergwäldern kam mir der Satz wie von selbst über die Lippen. Hier im Unterland schaue ich mir das Video oft an und hole mir das kraftvolle Gefühl zurück!"

Weil sie sich das Video aber nicht wird anschauen können, wenn sie mal wieder unverhofft im Mittelpunkt landet, setzen wir das Motto-Ziel in ein Embodiment →S. 28 um: Karen spürt, wie sich ihre Füße im Boden verwurzeln. Sie schaut nach oben, dreht Hände und Schultern aus und fühlt Lebenskraft auf sich herabplätschern.

Eine Minibewegung daraus ist das Drehen der Schultern, das sie überall unbemerkt vollziehen und so ihre Haltung rasch aktivieren kann. Wir kreieren gemeinsam einen Ideenkorb mit Erinnerungshilfen →S. 31.

Es ist eindrücklich, wie motiviert Karen bei der Sache ist. Aus dem Video vom Bergwandern spricht die pure Lust an der neuen Haltung.

Exportschlager Berner Oberland

FREITAG, 25. OKTOBER

Karens Ressourcen entfalten Wirkung. Als wir uns wiedersehen, erzählt sie: „In der Hundeschule bin ich deutlich ruhiger. Benji und ich arbeiten perfekt zusammen. Früher war das anders: Wenn im Training unverhofft andere Hunde auftauchten – lebendige ‚Fallen', die gestellt wurden, um Benji zu provozieren –, hörte mein Kopf ihn schon schreien, noch bevor er es tatsächlich tat. Heute lasse ich mich entspannt auf die Situation ein und sage mir: Geht's gut, ist gut – klappt's nicht, auch egal."

„Gelassenheit?", frage ich.

„Eine tüchtige Portion mehr davon", bestätigt sie.

Und die Erinnerungshilfen? „Hier: Benjis neues Geschirr und eine neue Leine. Fototassen sind bestellt, allerdings nicht mit den ZRM-Bildern, sondern mit Bildern von der Wanderung. Die bringen mich sofort in die Haltung."

Gut so. Sie merkt, was sie braucht.

„Im Büro und in der Hundeschule hat Benji tannengrüne Decken, mir habe ich Lindenwasser und Tannen-Bonbons gekauft. In der Küche hängen Bilder vom Berner Oberland, eins davon ist auch mein Handyhintergrund. Und das Auto riecht nach Zirbe."

Karen ist gut ausgerüstet und bereit für das Handlungsfeld. Sie habe bemerkt, sagt sie, dass sie schon automatisch gelassener bleibe.

„Würdige das“, ermuntere ich sie und erkläre ihr die A-Situationen → S. 38. „Lass dein Hirn wissen, wie toll du das findest! Wie beim Hund wird sich ein Verhalten, für das du dich lobst, wiederholen.“

Sie will ihren Tag jeweils abends Revue passieren lassen und erkennen, wo sie sich anders verhalten hat. Die ersten zehn Erfolge belohnt sie mit einer Wanderleine, zehn weitere mit einem kleinen Feldstecher und die nächsten zehn mit einer Bergwanderung, die sie schon lange machen wollte.

„Was könnte dich in deiner Haltung herausfordern?“, will ich mit Blick auf B-Situationen → S. 40 wissen.

„Wir haben ein Problem mit Tina, die am Dienstag mit uns den Hundekurs besucht“, seufzt Karen. „Sie und ihr Hund sind extrem chaotisch. Benji und ich können das nicht ausstehen. Die beiden fordern uns alles ab." Auf dem Schwierigkeitsthermometer verortet Karen die Situation bei 50 und damit passend für B. „Eine Nummer für sich ist auch der Kurs am Montag", fährt sie fort. „Dort sind die Übungen besonders dynamisch. Wenn wir warten müssen, während andere agieren, werden wir nervös. Die Situation kann ganz schön triggern."

Wir planen den Einsatz der Erinnerungshilfen, die sie dabei unterstützen sollen, in beiden Situationen gelassen zu bleiben: Im Büro füllt sie eine Thermoskanne mit Lindenblütentee und besprüht sich mit Lindenwasser. Im Auto, das nach Zirbe riecht, platziert sie die Bergbilder am Handschuhfach und an der Hundebox. Beim Trainingsgelände zieht sie Benji das Geschirr an und genehmigt sich ein Tannen-Bonbon. Ich frage sie nach der Bewegung. „Die ist super", meint Karen. „Wenn ich die Schultern öffne, wärmt mich die Naturkraft – ich mach das regelmäßig vor dem Training." Sie will sich im Auto auch das Bergvideo anschauen, und wenn sie mal warten muss, befördert sie sich mit dem Motto-Ziel in die Bergwelt-Haltung.

Ihr fällt noch das Mantrailing ein, das sie samstags jeweils in der Stadt absolviert. „Wenn wir dabei einem fremden Hund begegnen, der sich unkontrolliert verhält, und Benji zu schreien beginnt, klettert das Schwierigkeitsthermometer auf mindestens 60." Ich biete ihr dafür den Wenn-Dann-Plan → S. 44 an und frage, wie sie sich in dieser Situation fühle. „Es ist so ein Huuu, oh nein, ein Hund ...", beschreibt sie und zieht scharf die Luft ein. „Ich verkürze dann automatisch die Leine, Benji geht in die Pass-auf-Haltung, schreit drauflos, und wir machen uns aus dem Staub."

„Wie holst du dir bei diesem Huuu-Gefühl die nötige Gelassenheit?", möchte ich wissen. Karen will dann einfach die Schultern öffnen. Ihr Plan lautet: *Wenn das Huuu-Gefühl kommt, dann stelle ich mich unter den Naturkraft-Wasserfall.* Als sie das laut sagt, befallen sie Zweifel, ob sie es schaffen wird.

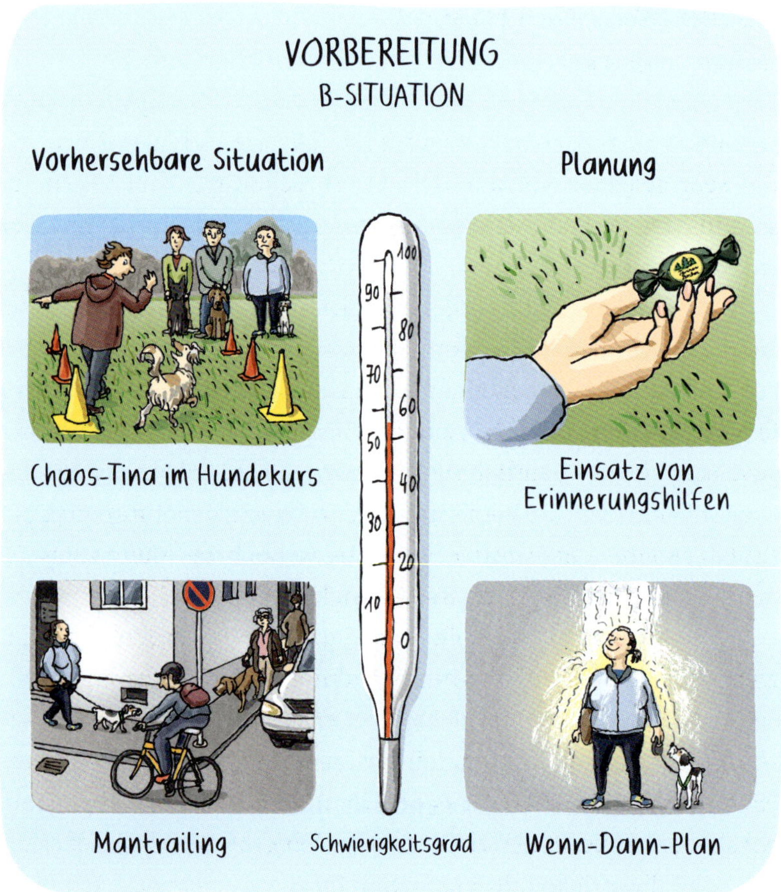

„Egal“, beruhige ich. „Wenn es mal nicht klappt, war es noch zu schwer. Mit etwas Übung in einfacheren Situationen wird auch das Mantrailing in den Bereich des Möglichen rücken.“

Ich erkläre die C-Situationen → S. 42 und möchte zum Abschluss ihr wunderbares Motto-Ziel erneut hören: *Naturchräftig u stanghaft verwurzlet wiene Bergwald gniessen ig de wärmendi Wasserfall vo mire glitzernde Läbenschraft*, sagt sie in schönstem Berndeutsch. Scherzhaft nennen wir dieses Ziel „Exportschlager Berner Oberland“.

Boden unter den Füssen

FREITAG, 22. NOVEMBER

Der Winter hält Einzug, da kommt der Alpenkräutertee Steve und mir sehr gelegen. Karen wirkt ausgesprochen fröhlich, als sie die Tassen zum Stubentisch bringt und erzählt, wie erstaunlich gelassen sie nun in schwierigen Situationen bleiben könne.

Sie habe dreizehn Erfolge gesammelt, für die sie sich mit einer Wanderleine belohnt habe. Auf B-Situationen angesprochen schmunzelt sie: „Chaos-Tina und ihr Hund sind kein Thema mehr. Ich wusste plötzlich, Benji kann das, und blendete die beiden aus. Wir haben sehr konzentriert gearbeitet, als wir miteinander laufen mussten. Früher dachte ich: Das geht nicht. Jetzt weiß ich: Das funktioniert! Ich bin generell entspannter. Schwierig ist noch das Mantrailing. Es nervt, wenn ich nicht weiß, was als nächstes passiert."

„Du wolltest mit oder ohne Benji gelassener werden", hake ich nach. „Was hat sich mit der neuen Haltung außerdem verändert?"

„Das Autofahren!", sagt Karen überrascht. „Ich fahre gern und viel, rege mich aber dauernd über andere Verkehrsteilnehmer auf. Jetzt, wo du mich fragst… das tue ich fast nicht mehr." „Kein Wunder!", schmunzle ich. „Dein Auto ist ja voller Erinnerungshilfen."

„Und diese Frau mit ihrer Bulldogge geht uns auch nicht mehr auf den Geist", fährt sie fort. „Wir begegnen einander oft mittags beim Spaziergang. Bisher drohte Benji schon von weitem. Wenn ich sie jetzt sehe, weiche ich aus, und Benji bleibt ruhig."

Das Bearbeiten von B-Situationen ist ganz nach Karens Geschmack. „Ich nahm mir ein Frisbee-Training beim Hundeplatz vor", erzählt sie. „Das ist abartig dynamisch. Ich stand mit Benji etwa sechzig Meter vom Zaun entfernt und konzentrierte mich darauf, trotz des Chaos in meiner Haltung zu bleiben. Das lief so gut, dass wir immer näher gingen und schließlich direkt am Zaun standen, während dahinter die Post abging. Benji blieb vollkommen ruhig."

Steve kann das kaum glauben: „Echt jetzt? Während die Hunde Frisbee spielten?“

„Ja, es war einfach klar: Das geht. Aber ehrlich gesagt, war ich auch perplex. Es war total schön, ihn so entspannt zu sehen.“

Steve findet dafür nur ein Wort: „Wahnsinn!“ Nachdenklich fügt er an: „Was hier passiert, ist enorm wichtig. Bei uns lernen die Menschen, den Hund zu lesen und sein Verhalten zu verstehen. Wird man selbst sensibler und präziser, macht auch der Hund mit. Ein Stressmuster hingegen, wie wir es bei Karen und Benji gesehen haben, bringt uns an die Grenze des Möglichen. Erst wenn Karen gelernt hat, gelassener zu sein, kann sich Benji entspannen – und dann greift auch unser Training. In solchen Situationen ist das ZRM Gold wert.“

Das führt zurück zu Benjis dramatischer Vorgeschichte. Es macht Karen wütend, dass ihrem Hund so übel mitgespielt worden ist. Sie staunt, wie er dabei seinen liebevollen Charakter bewahren konnte. „Das ZRM“, sagt sie, „macht aber deutlich, wie sehr er auf eine ruhige und sichere Führung angewiesen ist.“ Karens Zuneigung zu Benji und ihre wachsende Gelassenheit sind die beste Therapie für den Hund.

Auf gutem Weg

FREITAG, 21. FEBRUAR

Kurz vor Ausbruch der Pandemie sehen wir uns ein letztes Mal. Ich bin gespannt, welche Wirkung die Arbeit mit dem Zürcher Ressourcen Modell entfaltet hat.

Karen erzählt, dass sich ihre Vorgesetzten in die Haare gekriegt haben und die Nerven im Team blank liegen. „Das ist hart für Benji, aber ich rege mich nicht mehr auf, wenn er laut wird. Da schalte ich einfach auf Durchzug. Nach der Arbeit steige ich ins Auto und kann mich auf der Fahrt zum Hundeplatz wunderbar entspannen. Auch im Hundekurs bleibe ich gelassen, wenn Benji wieder mal schreit – wobei er unterdessen um einiges entspannter geworden ist."

Besonders eindrücklich war ein Training, das beim Fußballstadion abgehalten wurde. Unerwartet kam ein Reisebus angefahren, Fußballer stiegen aus, und im allgemeinen Getümmel raste auch noch ein Kläffer auf die Gruppe zu. Während andere Hunde aufbrausten, blieb Benji ruhig. „Früher wären wir beide ausgerastet", beschreibt Karen die Situation, „ich innerlich, er akustisch."

Was sie freudig und auch stolz schildert, ist beeindruckend. „Das alles", sagt sie, „hätte ich noch vor wenigen Monaten nicht für möglich gehalten. Und ich staune selbst, wie ruhig ich jetzt bleibe, wenn beim Mantrailing plötzlich andere Hunde auftauchen. Das ist richtig gut!"

Wir ziehen eine kurze Bilanz: A-Situationen beobachtet sie weiterhin aufmerksam; indem sie B-Situationen bearbeitet, verstärkt sie bewusst ihre gelassene Haltung; und in den C-Situationen hat sie ein Muster erkannt: „Ich kippe immer dann aus der Haltung, wenn jemand sich einen abschätzigen Kommentar erlaubt, weil Benji wieder mal ins Schreien gerät. Je nach Situation und Tagesform kann ich dann richtig grantig werden."

Ich erinnere Karen an ihre Bemerkung aus der ersten Sitzung: „Bäume, sagtest du, bleiben stoisch stehen, wenn es stürmt. Könnte da ein Wenn-Dann-Plan → S. 44 helfen?"

„Genau! Bodenkontakt aufnehmen! Wenn ein blöder Spruch kommt, dann nehme ich den Boden unter den Füßen wahr. Ein guter Plan."

Lesen Sie die Packungsbeilage und fragen Sie Ihren Hundetrainer!

Steve Lautz über *Benji*

Der Parson Russell Terrier ist ein Energiebündel. Das war Benjis ersten Haltern wohl nicht bewusst. Ihr Hund war süß, aber er war nicht pflegeleicht. Kurzerhand wurde er ruhiggestellt. Die zahlreichen Medikamente, die dem Hund verabreicht wurden, destabilisierten ihn vollkommen. Der kleine Kerl hatte keine Chance zu verstehen, wie ihm geschah; obendrein musste er damit klarkommen, dass seine Menschen ihn ablehnten. Kein Wunder, begann Benji, sich den Stress von der Seele zu schreien.

Was er erleben musste, ist extrem. Aber Benji ist kein Einzelfall. Allzu oft erlebe ich, dass unerwünschtes Verhalten bei Hunden mit Medikamenten korrigiert wird. Selbst dann, wenn sich der Hund rassetypisch verhält. Was den Halter stört, wird rasch zur „Verhaltensstörung" des Hundes.

Es darf nicht das erste Mittel der Wahl sein, unerwünschtes Verhalten mit Hilfe der Chemie zu beeinflussen. Zunächst gilt es, Probleme mit erfahrenen Hundetrainern anzugehen. Für Tierärztinnen ist es schwierig, Hunde zu beurteilen, weil diese sich in der Praxis anders verhalten als im Alltag. Zudem sind nur wenige Tierärzte auch Experten in Hundepsychologie.

Natürlich können Medikamente auch hilfreich sein. Das Chippen etwa hat das Potenzial, einem unkastrierten Rüden den hormonellen Druck zu nehmen und ihm mehr Lernkapazität zu geben. Aber auch das ist kein Allerweltrezept. Klar ist jedoch: Ein gutes Training für Mensch und Hund ist immer angezeigt, wenn Vierbeiner „Probleme machen".

Dass Benji zu Karen kam, war ein großes Glück für den Hund. Im Training stillen wir seinen ausgeprägten Lernhunger. Stressresistent wird Benji, wenn er in Karen seinen Ruhepol finden kann. Für sie galt es zunächst, das Schreien auszuhalten, aber das wollte ihr beim besten Willen nicht gelingen. Die schrillen Töne stressten sie. Und das wiederum stresste Benji – eine Abwärtsspirale, die mir Sorgen bereitete.

Da kam das ZRM gerade recht: Die geballte Ladung Bergwelt half Karen, sich zu entspannen – und mit ihr tat es Benji. Das ist fruchtbarer Boden für unser Training. 🐾

Stressresistent wird Benji, wenn er in Karen seinen Ruhepol finden kann.

DER SCHRECKHAFTE PRACHTKERL

Luca, 4, Save-Bracke

Endlich Frühling! Die Sonne lockt. Der Hund sitzt schon im Auto. Mann und Tochter warten in der Garage. Anna schaut im Haus noch nach dem Rechten. Sie freut sich auf den Ausflug an den Bodensee, wo die Familie prüfen will, ob das Segelboot den Winter gut überstanden hat.

Corona beherrscht die Schlagzeilen und prägt auch das Bild im Hafen des Segelclubs. Der ist, anders als sonst um diese Jahreszeit, fast menschenleer. Ein tristes Bild, denkt Anna. Um dennoch Frühlingsgefühle aufkommen zu lassen, schlägt sie einen Spaziergang im nahen Park vor, der sich erstaunlich lebhaft präsentiert: Spielende Kinder, flanierende Menschen, flatternde Papierdrachen.

Schön. Eigentlich …

Aber nicht für den ängstlichen Jagdhund. Der fühlt sich in dem bunten Treiben überfordert. In Panik windet sich Luca aus dem Halsband und sucht das Weite. Wild gestikulierend rennt Anna hinterher. „Ein peinliches Bild geben wir ab“, denkt sie noch mitten im Sprint. Als es ihr gelungen ist, den zitternden Hund einzufangen, läuft sie beschämt zur Familie zurück und entschuldigt sich bei all den Leuten, die Zeugen dieser Szene geworden sind: „Der ist aus dem Tierschutz... ist halt schrecklich ängstlich... noch nicht lange bei uns..."

Luca lebt seit sechs Monaten bei der Familie. Anna hat ihn in einem Tierheim gefunden, wo sie ein Jahr lang Hunde ausführte, in der Hoffnung, „ihren Hund" zu finden. Luca gefiel ihr auf Anhieb. Er war prächtig anzusehen, gebärdete sich aber äußerst scheu; schien unnahbar und zog sie doch magisch in seinen Bann. Auf der Straße geboren, war er als Welpe aus Serbien nach Deutschland gebracht worden und hatte drei Jahre im Tierschutz gelebt. Anna durfte nicht hoffen, Luca zu bekommen. Sie wusste, dass dieser schreckhafte Hund nur an erfahrene Halter abgegeben werden konnte.

Die Zeit vergeht. Woche für Woche hat sich Anna darauf gefreut, Luca zu sehen. Sie wünscht ihm sehnlichst ein gutes Zuhause, und als endlich eine Besucherin sich für den Hund interessiert, schildert sie tapfer dessen Vorzüge. Die aufmerksame Frau hat rasch erkannt, was offensichtlich war: „Der hat sich doch längst schon für Sie entschieden", bemerkt sie. „Das sieht man auf den ersten Blick."

Anna durchfährt es wie ein Blitz. Sie spürt, dass die Frau recht hat, bezweifelt aber, Lucas Angstzuständen gewachsen zu sein. Sie zaudert. Aber in den Augen des Hundes liest sie nun deutlich: „Wir gehören zusammen!" Schließlich nimmt sie ihren ganzen Mut zusammen, gewinnt das Vertrauen der Tierheimleiterin und darf den „wunderbarsten Vierbeiner der Welt" adoptieren.

Wenn Anna mit dem sanften Jagdhund in der Natur sitzt und den Wolken zusieht, ist ihr Glück vollkommen. Das ändert sich jedoch schlagartig, wenn Luca in Panik verfällt. Den regelmäßigen Spaziergang durch die belebte Quartierstraße empfindet Anna immer wieder als Spießrutenlauf. Alles, was sich bewegt, und alles, was tönt, bringt den Hund aus der Fassung. Dann will der nur noch: Weit weg!

Und Anna könnte heulen. Verzweifelt stampft sie dann auf, zwickt Luca und schämt sich für ihren Ärger. Es ist ihr peinlich, sich den Nachbarn so hilflos zu zeigen.

Hört man, wie Anna aufgewachsen ist, kann man ahnen, was in ihr vorgehen muss: Alkohol und Aggression gehörten im Elternhaus zum Alltag. Früh hatte sie gelernt, sich keine Blöße zu geben und keine Aufmerksamkeit auf sich zu ziehen. Das war ihre Überlebensstrategie. Lucas Strategie sieht anders aus.

Als Therapeutin ist Anna sich ihrer eigenen Schwächen durchaus bewusst und erkennt, dass Lucas Verhalten bei ihr ins Schwarze trifft. Doch der Hund soll an ihrer Seite glücklich werden. Sie ist bereit, sich der Herausforderung zu stellen.

Maja Storch hat mir den Kontakt vermittelt. Anna lebt in Deutschland und besucht die Hundeschule an ihrem Wohnort. Weil mit Ausbruch der Corona-Pandemie physische Treffen unmöglich geworden sind, weiche ich mit den Coachings in den digitalen Raum aus. Für die erste Online-Erfahrung kommen mir Annas Kenntnisse über das Zürcher Ressourcen Modell durchaus gelegen.

Klarheit

SAMSTAG, 2. MAI

Nun also betrete ich digitales Neuland: Alles ist eingerichtet. Kamera und Mikrofon sind getestet. Ein Schluck Kaffee noch, ich freue mich auf das Coaching.

Als ich die E-Mail, in der Anna mir ihre Probleme mit Luca beschrieben hat, ein weiteres Mal lese, erscheint sie auch schon auf dem Bildschirm.

„Hallo, Anna!", begrüße ich sie. „Schön, dich zu sehen. Ich freue mich, dich und deinen Hund kennenzulernen und mehr über eure Geschichte zu erfahren."

„Hier bin ich", lacht sie und richtet die Kamera auf Luca, der hinter ihr vor sich hindöst. „Und das ist mein Prachtkerl. Ich bin gespannt auf unser ZRM-Abenteuer."

„Bühne frei für euch beide: Erzähl, was sich ändern soll", ermuntere ich Anna.

„Ich staune, wie ähnlich Luca und ich einander sind", legt sie los. „Wo er auftaucht, wird er für seine Schönheit bewundert – und auch ich gelte als attraktive Frau. Wenn Luca in Panik verfällt, sind die Leute vor den Kopf gestoßen. Wüssten sie, wie sehr ich mit Angstzuständen zu kämpfen habe, wären sie wohl auch irritiert. Nur – das ahnt keiner. Die Leute denken, ich hätte alles im Griff, dabei habe ich einfach gelernt, meine Schwächen zu verbergen. Aber genau hier macht mir Luca einen dicken Strich durch die Rechnung."

„Wenn ihm die Sicherungen durchbrennen, wirkst du wenig souverän", spreche ich die geschilderte Szene am Bodensee an, als der Hund Hals über Kopf durch den Park rannte.

„Absolut", seufzt sie. „Im Winter fegte mich Luca auch mal von den Füßen, als er aus Angst in einen Acker hechtete. Ich lag der Länge nach am Boden und schämte mich maßlos. Wenn er mich so vorführt, macht mich das wütend. Aber das ist dumm von mir, denn er tut es ja nicht mit Absicht. Wer in sich ruht, würde da sagen: C'est la vie."

„Ruhe bewahren, auch wenn dir die Kontrolle entgleitet", sage ich. „Strebst du das an?"

„Ja. Luca weckt Kindheitsgefühle in mir, die ich mit meinen 49 Jahren nicht angemessen finde. Ich will nicht mehr schwitzen und einen hochroten Kopf bekommen, weil es mir so peinlich ist, wenn er mich an der Leine durch die Gegend zerrt", sagt Anna. „Ich will den Hund würdigen, wie er ist, will zu ihm stehen. Er war im Tierheim, hat sich dort drei Jahre lang zurechtgefunden – und ist ein wunderbarer Kerl geblieben."

Ich münze das auf Anna um: „Das ginge wohl einfacher, wenn du auch zu dir selbst stehen und dich mit deinen Ängsten und Schwächen würdigen könntest."

„Damit triffst du den Nagel auf den Kopf", stimmt sie mir bei. „Wie sehr ich mich doch selbst beschreibe, wenn ich über Luca rede. Ich kann ihn nur dann souverän führen, wenn es mir gelingt, zu mir selbst zu stehen."

„Souverän mit der Angst umgehen", präzisiere ich. „Mit deiner Angst und damit auch mit der Angst des Hundes."

„Genau. Er muss sich auf mich verlassen können, wenn er Angst hat", sagt Anna. „Das kann er nur, wenn ich ruhig sage, was ich zu sagen habe. Ich darf da nicht böse werden."

„Klar sagen, was Sache ist", überlege ich. „Nicht böse werden, einfach nur klar sein."

„Ja, klar!“, nimmt sie den Begriff auf. „Das Gegenteil des Nebels, der sich in meinem Gehirn ausbreitet, wenn meine Gefühle hochkochen. Klar agieren, wie Hunde es tun. Auch ich darf sagen, was ich erwarte. Ich darf es aber nicht wüst tun. Bestimmt ‚Stopp‘ sagen, sofort wieder entspannen, nichts nachhallen lassen. Das ist Klarheit.“

Anna hält inne und überlegt weiter: „Auch klären können. Kürzlich lief Luca im Zickzack vor mir her. Da kam ein Radfahrer angerast. Als ich ihm aufgeregt signalisierte, er solle langsamer fahren, hielt er an und wetterte, was das denn für ein Theater sei. Ich wollte gerade die alte Leier mit dem verängstigten Tierschutzhund anstimmen, als sich der Mann über Luca beugte und ihn anschnauzte. Der Hund floh ins Gebüsch, und ich war einfach nur perplex. In solchen Situationen will ich sagen können: ‚Lassen Sie uns in Ruhe!‘“

„Klare Ansage“, erwidere ich.

„Genau. Luca muss spüren, dass er mir vertrauen kann.“ Dabei sei es wichtig, fährt sie fort, dass sie sich auch über ihre eigene Verfassung Klarheit verschaffe. „Wenn ich nicht auf der Höhe bin, darf ich uns beiden nicht zu viel zumuten.“

Ansatzlos spinnt sie den Faden weiter und formuliert die richtigen Fragen: „Ist mir eigentlich klar, was ich von Luca erwarte? Weiß ich etwa, in welchem Radius er frei laufen darf?“ Sie beschreibt das Bild einer Glaskugel, das vor ihrem inneren Auge auftaucht: „In dieser Kugel laufe ich – laufe ich mit Luca: Wir sind eine Einheit. Wir bewegen uns in einem klar definierten Raum und achten aufeinander. Da ist Klarheit. Sie vermittelt Sicherheit, Ruhe und Vertrauen. Lauter Qualitäten, die ich mir sehnlich wünsche.“

„Klarheit hat viele Gesichter“, bestätige ich. „Bewegen wir uns in die richtige Richtung?“

Selbst wäre sie nie auf den Begriff der Klarheit gekommen, staunt Anna, doch er bringe auf den Punkt, um was es ihr gehe. Entsprechend formuliert sie ihr Thema: *Ich will klar sein, damit Ruhe, Souveränität und Vertrauen wachsen können.*

Um zu verstehen, wie Anna heute mit Luca unterwegs ist, bitte ich sie, zwei Alltagssituationen zu schildern, die wir mit der Affektbilanz → S. 24 prüfen wollen.

Als Erstes denkt sie an den Beginn eines Spaziergangs. Sie sieht sich auf einen Parkplatz fahren, Luca aus dem Auto holen und loslaufen. Affektbilanz: 60 minus und 45 plus.

Der negative Affekt, 60 minus, rührt daher, dass Luca ungestüm herausspringt, sowie Anna die Heckklappe öffnet. Danach zieht er so kräftig an der Leine, dass sie das Auto kaum noch schließen kann. Sobald sie loslaufen, zerrt Luca Anna von einem Ort zum anderen. Er schnuppert hier, schnüffelt dort und hebt immer wieder das Bein. „Es ist jeweils ein aufgeregtes Gewurschtel – und wenn dann auch noch Leute zuschauen, ist meine Laune endgültig im Eimer."

Der positive Affekt, 45 plus, steht für Fortschritte, die Anna bereits gemacht hat: „Ich merke, dass Luca ruhiger wird, wenn ich meine Ungeduld zügle. Wenn ich hingegen die Situation rasch hinter mich bringen will, wird das Chaos schlimmer."

Ich wiederhole ihr Thema: *Ich will klar sein, damit Ruhe, Souveränität und Vertrauen wachsen können.*

Anna nickt: „Das passt!"

Noch verheerender – 80 minus und 15 plus – sieht die Affektbilanz aus, wenn es um den Rückruf geht, eine Aufforderung, der Luca so gut wie nie Folge leistet: „Ich gestikuliere, gehe in die Knie, locke mit Worten und Würsten, spule mein ganzes Repertoire rauf und runter. Doch der Hund denkt nicht daran, zu tun, was ich ihn heiße."

Der negative Affekt, 80 minus, bezieht sich auf Annas Gedanken in der Situation: „Tausendmal geübt, und der Hund ignoriert mich immer noch! Dickschädel! Muss ich dich wirklich holen, nur damit du noch weiter wegrennst? Das kriegen wir nie hin ..."

Der positive Affekt, 15 plus, beruht auf der Tatsache, dass Luca über kurz oder lang noch immer zu ihr zurückgekommen ist.

AFFEKTBILANZ UND THEMA

Verlassen des Autos vor dem Spaziergang

Affektbilanz

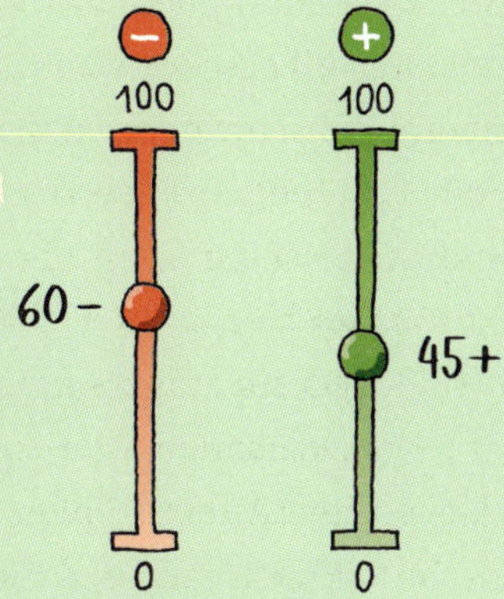

Rückruf

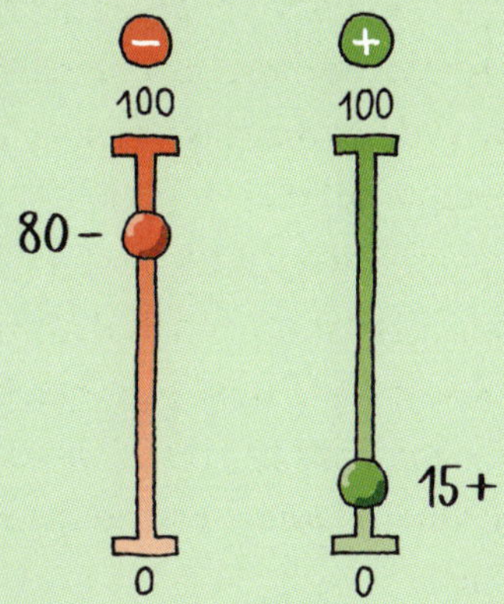

Thema:

Ich will klar sein, damit Ruhe, Souveränität und Vertrauen wachsen können.

Es ist an der Zeit, das Blatt zum Positiven zu wenden und Annas Ressourcen zu aktivieren. Mit einer kurzen Entspannungsübung leite ich über zum Online-Tool der ZRM-Bilder →S. 19. Anna lässt die Motive auf sich wirken und wählt spontan den Baum mit den roten Früchten. Der springe sie förmlich an, sagt sie und schwärmt: „Durch die Blätter glitzert klares Licht, der Stamm vermittelt solide Standfestigkeit. Dieser Baum erinnert mich an eine Birke, deren Äste im Wind schwingen. Was für eine Leichtigkeit!"

Wir füllen einen Ideenkorb →S. 22 mit Wortassoziationen zu ihrem ZRM-Bild.

ANNAS BILD
ZRM-KARTEI

Anna strahlt. Nun spüre sie ihren Körper ganz neu: elastisch wie das Geäst einer Birke und dabei stabil wie deren Stamm. Ein berauschendes Gefühl, das sie mit ins Wochenende nehmen werde.

Blick in den Kokon

MONTAG, 4. MAI

Zwei Tage später sehen wir uns wieder. Voller Freude erzählt Anna, dass sie jetzt erst bemerke, wie viele Birken ihre Spazierwege säumen.

Die Bäume scheinen ihr gut zu tun. Das wird deutlich, als Anna schildert, was sie am Morgen erlebt hat: „Luca hat sich wieder einmal geweigert, mit mir durchs Quartier nach Hause zu gehen. Er rannte plötzlich weg, ich hinter ihm her. Aber etwas war dieses Mal anders: Ich war überrascht, dass mir diese Situation nicht peinlich war, obwohl uns jemand beobachtete. Als ich Luca eingeholt hatte, blieb ich stehen, beruhigte mich und ging erst weiter, als ich wieder Boden unter meinen Füßen spürte."

„Willst du damit sagen", unterbreche ich sie, „dass du die Bodenhaftung verloren hattest?"

„Genau", bestätigt Anna und fügt nachdenklich an: „Seit meiner Kindheit habe ich, wenn ich in Stress gerate, dieses furchtbare Gefühl der Hilflosigkeit: Es ist, als würde ich aus meinem Körper katapultiert. Dass ich mir heute Zeit nehmen und mich wieder spüren konnte, war eine großartige Erfahrung. Es hat mir geholfen, vernünftig zu denken und zu handeln. Noch vor kurzem wäre ich wie von Sinnen nach Hause geeilt und hätte gedacht: Was für ein schrecklicher Spaziergang!"

„Anna", freue ich mich, „das klingt nach einem Durchbruch. Du sprichst wirklich gut auf diese Ressourcenarbeit an. Lass uns in diese Richtung weitergehen!"

Ich führe sie wieder in einen entspannten Zustand und lese die Worte aus dem Ideenkorb zu ihrem ZRM-Bild vor. Anklang finden diese Begriffe: *Lichtspiel, eins mit der Natur, strahlendes Sonnenlicht, mit dem Wind tanzen, zauberhaft, lebendig, hingebungsvoll, leicht, beweglich, rauschen, mitschwingen und bei mir sein.*

„Es fühlt sich an, als hätten all diese Qualitäten schon immer in mir geschlummert“, sagt Anna fröhlich. „Verborgen zwar, wie in einen Kokon gewickelt. Aber jetzt spüre ich den Schmetterling, der

sich daraus entpuppen wird. Er will sich zeigen, will tanzen und frei sein, egal, was die Leute sagen. So fühle ich mich bereits, wenn es mir ganz arg gut geht. Beim Segeln etwa. Wenn ich ins kühle Wasser eintauche oder dem Tanz der Sonnenstrahlen auf den Wellen zusehe. Dann fühle ich mich lebendig."

„Hilft dir dieses Gefühl, klar zu werden, damit Ruhe, Souveränität und Vertrauen wachsen können?", erinnere ich an ihr Thema.

„Definitiv", nickt Anna. „Ich will Luca nicht mehr so verkrampft erziehen. Zwischen uns soll tanzen können, was tanzen will."

Aus ihren Begriffen entwickeln wir das Motto-Ziel →S. 26: *Leicht wie der Wind tanze ich den Sonnenzauber meiner Lebendigkeit.*

Das sei perfekt, meint Anna: „Die Sonne scheinen lassen. Da ist so viel Düsteres in mir. Aber es gibt eben auch dieses Sonnige, nur braucht das Nahrung."

„Und die", weiß ich, „wird es kriegen!"

Gehen um des Gehens willen

SAMSTAG, 9. MAI

Anna schickt mir per E-Mail ein Foto von Birkenzweigen, unter dem ihr Motto-Ziel festgehalten ist. Es wirkt leicht, klar und sonnig. Das Baummotiv aus dem Online-Tool, schreibt sie, habe ihr den Weg zu diesem Ressourcenbild gewiesen.

Was sie an der nächsten Online-Sitzung erzählt, lässt mich aufhorchen: „Wir spazierten gestern friedlich durch den Wald, als plötzlich das Kreischen einer Kreissäge die Stille zerriss. Mein erster Impuls: Fort von hier! Aber dann: Stopp! Ich gebe meiner Angst nicht nach! Wir näherten uns der Lärmquelle und sahen Männer, die Baumstämme zersägten. Da dachte ich an meine Birke und aktivierte meinen Satz. Sanft sprach ich auf Luca ein und der blieb – angespannt

ANNAS EIGENES RESSOURCEN-BILD

zwar, aber ohne Panik – dicht an meiner Seite. So haben wir die kritische Situation gemeinsam gemeistert. Das Vertrauen, das mein Hund mir schenkte, hat mich tief berührt.“

Es ist nicht das Einzige, was sich verändert hat.

„Leider“, fährt Anna fort, „büxte mir Luca diese Woche wieder einmal so richtig aus. Bisher hatte ich in solchen Momenten jeweils furchtbare Angst, ihn nie wiederzusehen. Jetzt weiß ich: Er kommt wieder. Die Situation war klassisch: Kein Luca weit und breit. Ich will ihn schon suchen, da kommt er über eine Wiese angetrabt. Ich leine ihn in aller Ruhe an, und wir laufen weiter – die Birke wirkt!“

„Deine Haltung hat sich markant verändert, und darauf spricht Luca an“, stelle ich fest. „Diese Haltung kannst du nun vertiefen, indem du intensiv wahrnimmst, wie sie sich im Körper anfühlt. Das Embodiment → S. 28 machen wir online mit einer inneren Bilderreise, bei der du deine Motto-Ziel-Welt mit allen Sinnen erkunden kannst.“ Anna ist begeistert von der Idee.

Angeleitet durch meine Stimme taucht sie in diese Welt ein, und als ich sie nach einer Viertelstunde sanft wieder in ihre Realität zurückhole, erzählt sie strahlend: „Ich war eine Waldfee mit wildem Haar, trug ein grünes, fließendes Gewand und hielt einen knorrigen Wurzelstab in der Hand. Barfuß tanzte ich über den Waldboden. Sonnenstrahlen funkelten durchs Blätterdach, Bienen summten, Mäuse huschten, Vögel zwitscherten, Spinnweben glitzerten. Und neben mir mein schöner Hund. Wir beide – vereint mit der Natur."

„Wie hast du das körperlich wahrgenommen?"

Ihr Körper sei leicht und beweglich gewesen, fährt Anna fort. Aber auch stabil, denn der Wurzelstab verleihe ihr Kraft und helfe, wilde Tiere in Schach zu halten. Spontan hält sie, während sie redet, das imaginäre Holz vor sich hin: „Wo der ist, bin ich sicher."

Stabilität also, inmitten tanzender Leichtigkeit. Ich bitte Anna, den Stab gleich noch einmal schützend vor sich hinzuhalten.

„Eine Ruhe durchflutet mich. Ich spüre tiefes Vertrauen in mir. Gerade die Schwere dieses Stabes ist es, die mir erlaubt, mich leicht und frei zu fühlen", beschreibt Anna ihre Empfindung und kommt zum Schluss: „Der steht für Vernunft. Die passt auf mich auf."

Leicht und stabil zugleich, wie in ihrem Zauberwald, möchte sich Anna auch auf Spaziergängen bewegen. Sie beschließt, sich in den kommenden Tagen auf Lucas Bewegungen einzulassen, statt einem fixen Weg von A nach B zu folgen. Sie will ihren Hund begleiten, wenn es ihn hierhin und dorthin zieht, ihn schnüffeln lassen und mit ihm stehenbleiben. Die gemeinsame Zeit genießen. Gehen um des Gehens willen.

Weit entfernt von mir sitzt Anna in ihrer Stube und schwärmt am Bildschirm: „Das war eine wunderschöne Bilderreise. Jetzt würde ich mich gerne wie ein Hippie kleiden!"

„Mach das", ermuntere ich sie. „Real oder in der Fantasie. Stell dir einfach vor, wie das grüne Gewand dich umfließt und deine Haare im Wind tanzen."

Das inspiriere sie, „Anna, frei!“ zu sich zu sagen, wenn sie Luca ableint. Sie schüttle dabei ihr Haar und fasse sich ans Handgelenk. „Dieses fühlt sich so knorrig an wie mein Wurzelstab.“

Wir füllen noch einen Ideenkorb mit Erinnerungshilfen →S. 31. Anna will sich eine Wiesenblume ins Haar stecken, wenn sie gleich loszieht: „Und Luca kriegt eine ins Halsband.“

Sie freut sich auf den Spaziergang durch den realen Zauberwald.

Das Mädchen und der Hund

FREITAG, 15. MAI

Eine Woche später. Anna erscheint wieder auf meinem Bildschirm. Sie kann es kaum erwarten, mir von einer Erinnerungshilfe zu erzählen: „Entlang der Äcker“, sagt sie schmunzelnd, „habe ich Steine zu Türmchen aufgeschichtet – es sind geheime Zeichen, die für mein Motto-Ziel stehen. Sie animieren mich, leicht wie der Wind den Sonnenzauber meiner Lebendigkeit zu tanzen.“

Was für eine bezaubernde Idee.

Sie zeigt mir einige Objekte, die denselben Effekt haben: Einen grünen Haargummi und ein Hippie-Armband. „Und an der Haustür hängt mein Birkenbild“, fährt sie fort. „Im Flur zwitschert es aus einer Box, wenn jemand vorbeiläuft. Das ruft mir den Zauberwald in Erinnerung. Für draußen kaufe ich mir grüne Klamotten, denn zum Motto-Ziel – das ist mir klar geworden – gehört die Farbe Grün. Als vor ein paar Tagen Gewitter aufzogen, wogten hellgrüne Weizenähren vor regenschweren Wolken. Eine veritable Motto-Ziel-Energietankstelle!“

„Die zahllosen Grüntöne der Natur als omnipräsente Erinnerungshilfe“, schmunzle ich.

ANNAS ERINNERUNGSHILFEN UND MOTTO-ZIEL

Grünes Armband

Zwitscher-Box

Steinetürmchen

Raumerfrischer

Leicht wie der Wind
tanze ich den
Sonnenzauber
meiner Lebendigkeit.

Wiesenblume im Haar

Grüne Kleider

Blume an Lucas Halsband

In Annas Leben hinterlässt die neue Haltung weitere Spuren: „Bisher fand ich tausend Argumente, um meine Tochter nicht allein mit Luca spazieren gehen zu lassen“, erzählt sie. „Eigentlich gab es nur eines: Die Angst, der Hund würde sich losreißen, und sie würde ohne ihn zurückkehren. Als meine Tochter neulich wieder mit Luca Gassi gehen wollte, war ich drauf und dran, ihren Wunsch einmal mehr auszuschlagen. Doch dann besann ich mich und ließ die beiden ziehen. Strahlend standen sie nach einer Stunde wieder auf der Matte. Und ich begriff: Luca versteht sich als Teil der Familie. Der will uns ja gar nicht davonlaufen!“

Zwischen ihr und Luca blühe das Vertrauen nun auf wie ein Strauß Blumen, strahlt Anna. „Wir sind immer entspannter unterwegs und werden mit jeder Situation, die wir meistern, etwas mutiger.“

Bisher, fährt sie fort, habe sie oft verbissen mit Luca gearbeitet: „Einmal fand das Hundetraining bei heftigem Regen auf einem Schulareal statt. Das bedrohliche Getrommel der Wassertropfen auf die Plastikunterstände versetzte den Hund in helle Panik. Von da an weigerte er sich, der Schule nahezukommen. Das akzeptierte ich nicht. Wochenlang liefen wir Richtung Schulhaus und näherten uns jeden Tag um die Distanz einer weiteren Laterne an. Laterne um Laterne sollte Luca seine Angst überwinden.“

Heute fände sie ihr Verhalten „total bescheuert“. Kürzlich sei sie einfach losgelaufen, erzählt sie. Sie habe sich auf Luca eingelassen – und siehe da: „Ohne meine Laternenzählerei lief er anstandslos mit. Auf dem Schulareal war er zwar noch etwas angespannt, aber er vertraute mir und erkundete zaghaft die Umgebung, die ihm zuvor so bedrohlich vorgekommen war. Nach einer Weile liefen wir entspannt nach Hause.“

„Haben dir dabei Ressourcen geholfen?“, will ich wissen.

„Der Griff ans Handgelenk gab mir Ruhe“, bestätigt Anna. „Seit der Bilderreise fühle ich mich auch stark mit Luca verbunden.“

Diese Verbundenheit erinnert sie an den Film „Der Fuchs und das Mädchen“, der eine innige Freundschaft zwischen Mensch und Tier zeigt. Sie fühle sich wie dieses Mädchen, schwärmt Anna: „Mit dem Unterschied, dass es kein Fuchs ist, der neben mir durchs Leben läuft – sondern mein Hund.“

Nahezu zwei Wochen sind seit unserer ersten Sitzung vergangen. „Damals“, rufe ich in Erinnerung, „hast du dein Anliegen so formuliert: *Ich will klar sein, damit Ruhe, Souveränität und Vertrauen wachsen können.* Wie fühlt sich das heute an?“

Anna überlegt nicht lange: „Die Klarheit entfaltet Wirkung. Vor unserem Coaching besuchten wir eine Hundeschule, die Wert auf unterwürfige Disziplin und messbaren Erfolg legt: Mit jeder weiteren Laterne soll Angst überwunden, mit jeder weiteren Minute, die der Hund im Korb ausharrt, Gehorsam trainiert werden. Jetzt geht es mir nicht mehr um Meter und Minuten, im Fokus steht unsere Beziehung. Das habe ich gelernt. Ich suche uns nun eine Hundeschule, die nicht auf der Basis von Unterordnung, sondern von Verbundenheit und Vertrauen arbeitet.“

„Da kommt Klarheit in eure Beziehung.“

Anna nickt: „Oft spüre ich einfach, was zu tun ist, und ich tue es – egal, was andere von mir halten. Freundlich und ruhig gebe ich Luca klare Anweisungen. Er respektiert sie. Was hier geschieht, ist wunderbar. Es ist, als würden wir an einer Wunderlampe reiben.“

Leichtigkeit eben

MONTAG, 25. MAI

Wieder zehn Tage später.

„Beim Spaziergang am letzten Wochenende ist ein Sturm aufgezogen“, erzählt Anna und kommt ins Schwärmen. „Luca hatte den Impuls, ins Unterholz zu flüchten, kam aber sofort zu mir, als ich ihn rief. Begleitet von Blitzen und Donnergrollen rannten wir durch den Regen zum Auto. Ich strahlte wie ein Maikäfer, als wir patschnass im Trocknen saßen. Was für ein Abenteuer! Fantastisch, wie Luca mich durch dick und dünn begleitet.“

Nicht nur bei Unwettern, wenn die Welt rund herum aus den Fugen zu geraten droht, zeige Luca sich weniger ängstlich, erzählt Anna: „Der Hund ist auch im Alltag deutlich stabiler und ruhiger geworden. Und darüber freut sich auch mein Rücken: Seit Luca nicht mehr so unbändig an der Leine zieht, sind wir entspannter unterwegs."

„Seit du in deiner Motto-Ziel-Haltung bist, stresst du Luca nicht mehr mit deiner Angst", sage ich augenzwinkernd und ernte ein Schmunzeln: „Ja, und er stresst mich nicht mehr mit seiner."

Die Zeit ist reif, Bilanz zu ziehen.

Ich bitte Anna, an den Beginn eines Spaziergangs mit Luca zu denken, und frage sie, wie sich das heute auf der Affektbilanz abbildet, zunächst auf der Negativ-Skala.

„Das ist 20 im Minus", überlegt sie. „Luca drängt noch aus dem Kofferraum, ich kann ihn aber gut zurückhalten. Und weil er nicht mehr so wild vom Auto wegzieht, gelingt es mir, die Heckklappe zu schließen. Was die Leute rundum denken, kümmert mich kaum mehr."

„Wie sieht die Bilanz auf der Positiv-Skala aus?", will ich wissen.

„80 plus", sagt Anna, ohne zu zögern, und vergleicht den Spaziergang mit einem Hochhaus: „Es hat zehn Stockwerke, aber keinen Lift. Ziemlich anstrengend, da hochzulaufen, aber oben angelangt wirst du mit einer schönen Aussicht belohnt. Die Aussicht auf einen schönen Spaziergang mit Luca macht die 20 minus beim Verlassen des Autos mehr als wett."

Wir vergleichen diese Affektbilanz mit den Werten aus der ersten Sitzung: Vor 23 Tagen lagen diese bei 60 minus für das „aufgeregte Gewurschtel" beim Verlassen des Autos am Anfang des Spaziergangs, während die 45 plus für erste erzielte Fortschritte standen. Das hat sich deutlich verbessert.

Nun will ich wissen, wie es mit der Affektbilanz für den Rückruf aussieht. Anna überlegt eine Weile und sagt etwas verwirrt: „Ich kann das nicht verorten." Doch dann geht ihr ein Licht auf: „Halt mal! Ich rufe Luca nicht mehr so oft zurück wie zuvor, weil ich nicht mehr

ERNEUTE AFFEKTBILANZ

Verlassen des Autos vor dem Spaziergang

Affektbilanz

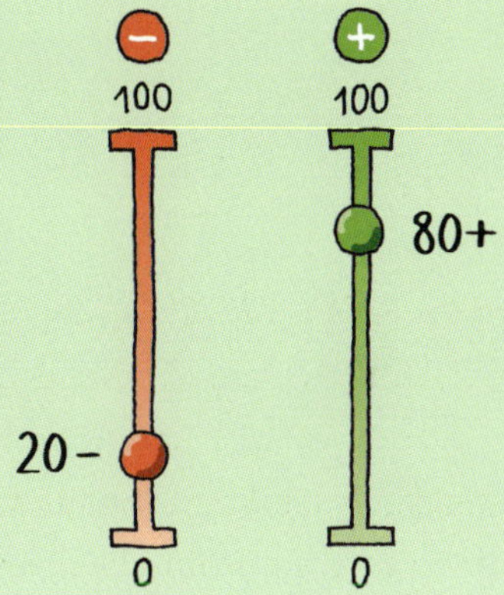

dauernd prüfen muss, ob er auf mich hört. Bisher hatte ich diesen Bogen überspannt. Kein Wunder, dass er mich nicht mehr ernst nehmen konnte. Wenn ich ihn jetzt rufe, kommt er zuverlässig zurück – fast immer."

„Das ist bemerkenswert", sage ich. „Vorher lagen diese Werte noch bei dramatischen 80 minus und gerade mal 15 plus. Wie erklärst du dir diese deutliche Verbesserung?"

„Ich schaue weiter voraus", überlegt Anna. „Und auf dem Weg nach Hause nehme ich Luca früher an die Leine, damit er sich nicht verweigert, wenn wir zur Quartierstraße kommen. Da läuft er übrigens schon sehr viel ruhiger. Auch die braune Schwanzspitze, die in hundert Meter Entfernung vielleicht knapp noch zu sehen war, gehört der Vergangenheit an, denn jetzt achte ich darauf, dass wir nah beieinanderbleiben."

WENN-DANN-PLAN VON ANNA

WENN ein Hund Luca bedrängt,

DANN ergreife ich den Stab und mache eine klare Ansage.

„Das stärkt eure Verbundenheit“, merke ich an.

„Genau“, strahlt Anna. „Früher dachte ich, Luca brauche möglichst viel Freiheit. Jetzt erkenne ich, wie wichtig es für uns beide ist, dass wir gemeinsam unterwegs sind. Ich achte auf ihn, und er achtet auf mich.“

„Einen Freund, der einem nah ist, muss man gar nicht rufen“, schmunzle ich und frage sie, welche B-Situation →S. 40 ihre Motto-Ziel-Haltung noch herausfordern könnte.

„Wenn Luca von einem Hund bedrängt wird und dessen Mensch nicht interveniert“, antwortet Anna. „Das ärgert mich maßlos. Ich stehe dann nur trottelig da und mache keine klare Ansage. In Zukunft will ich deutlich sagen können, was ich erwarte, und einen Hund, der Luca impertinent aufreitet, mit meinem Körper abdrängen.“

Da unklar ist, wann diese Situation wieder eintritt, schlage ich einen Wenn-Dann-Plan →S. 44 vor: „Wie wäre es, wenn du dir in einem solchen Moment ans Handgelenk fasst? So kannst du den Stab spüren, der dir hilft, wilde Tiere in Schach zu halten.“

Das gefällt Anna. Sie schmiedet ihren Wenn-Dann-Plan folgerichtig: *Wenn ein Hund Luca bedrängt, dann ergreife ich den Stab und mache eine klare Ansage.*

„Ich sehe das bildlich vor mir und weiß: Selbst, wenn der andere Halter mehr Erfahrung mit Hunden hat als ich, werde ich nicht zögern, deutlich zu sagen, was gesagt sein muss“, sagt sie bestimmt. Anna staunt, was das Coaching in knapp einem Monat verändert hat: „Luca und ich haben einander neu entdeckt. Jetzt ist mein Traum vom besten Freund auf vier Pfoten in Erfüllung gegangen.“

Sie habe, meint sie noch, auch damit aufgehört, morgens jeweils eine ellenlange Liste anstehender Aufgaben zu erstellen, die sie ohnehin nie abarbeiten könne.

Leichtigkeit eben. Und mehr Zeit, mit Luca unterwegs zu sein.

Hund ahoi!

Steve Lautz über *Luca*

„Unterordnung" – nur schon der Begriff...

Die Devise, Hunde hätten sich dem Menschen unterzuordnen, gilt noch heute in einigen Hundeschulen. Es ist nichts dagegen einzuwenden, dass ein Hund auch mal auf seinem Platz bleiben soll. Aber wie wird ihm das beigebracht? Wird darauf Rücksicht genommen, wie sich der Hund im Training fühlt und was er zu tun imstande ist?

Es ist wichtig, den Lernprozess dem Hund anzupassen. Besonders bei unsicheren Tieren. Schicke ich den Hund etwa ins „Platz" und entferne mich zu weit von ihm, entziehe ich ihm meine Nähe und damit die Hilfe, die er von mir braucht. Wer zu forsch vorgeht, kann Vertrauen verspielen.

Unsichere Hunde brauchen unsere Sicherheit. Diese fordern sie bei uns ein – und entlarven dabei oft punktgenau unsere Schwachstellen. Das ist nicht angenehm. Wenn beim Rückruf anstelle des Hundes lediglich der eigene Zweifel „bei Fuß" ist – „Der Kerl wird nie auf mich hören!" –, sollte der Hundetrainer oder die Hundetrainerin sich Bemerkungen wie „sei doch mal konsequent!" oder „entspann dich einfach!" verkneifen. Außer natürlich, sie kennen das ZRM – und damit einen Weg, wie solche Ambitionen realisiert werden können.

Die Geschichte von Anna und Luca zeigt einmal mehr, wie viel der Mensch mit seiner Haltung zu einer harmonischen Mensch-Hund-Beziehung beitragen kann. Anna hat ihre Unsicherheit im Coaching in beeindruckender Weise überwunden. Luca kauft ihr die souveräne Ruhe ab – und siehe da, er ist „bei Fuß“. Freiwillig.

Luca kauft Anna ihre souveräne Ruhe ab – und siehe da, er ist „bei Fuß“.

DER SENSIBLE BOLIDE

Gioio, 3, American Staffordshire Terrier

Nur mit Mühe kann die Radfahrerin einen Sturz verhindern: Ein Hund hat sie anfallen wollen. Die Leine, an der er zurückgezogen wurde, konnte Schlimmeres verhindern. Das Tier ist imposant. Dunkelgrau glänzendes Fell überzieht einen muskelbepackten Körper.

Es ist Gioio. Ein Listenhund. Unter dem Druck der Öffentlichkeit hat der Schweizer Gesetzgeber nach dramatischen Vorfällen eine Liste potenziell gefährlicher Hunderassen erstellt, deren Haltung amtlich bewilligt werden muss. Dazu gehört auch der American Staffordshire Terrier.

An einem heißen Junitag macht Steve mich auf diesen delikaten Fall aufmerksam: Seine Klienten Meinrad und Emy sind mit ihrem „Amstaff" am Anschlag.

Gioio ist ein prächtiger Rüde mit einer tristen Vergangenheit: Als Welpe ist er illegal aus Ungarn eingeführt und an eine junge Frau verkauft worden, die zur Haltung des Hundes nicht berechtigt und mit dem anspruchsvollen Tier überfordert war. Die Behörden wurden auf den Fall aufmerksam, beschlagnahmten Gioio und übergaben ihn dem Tierschutz.

Meinrad kennt und liebt diese Rasse. Zwölf Jahre lang hatte er eine sanfte, souveräne Amstaff-Hündin an seiner Seite. Der Tod dieser treuen Begleiterin, mit der auch Emy sechs Jahre verbracht hatte, traf das Paar hart. Ein neuer Hund kam vorerst nicht in Frage.

Aber Meinrads Sehnsucht wächst. Als er sich im Internet Fotos von Amstaffs ansieht, stößt er auf Gioio, der ihn in seinen Bann zieht. Monatelang besuchen er und Emy den Hund jedes Wochenende im Tierheim. Beide kommen zum Schluss: „Gioio gehört zu uns". Im Frühjahr 2018 zieht das Kraftpaket bei ihnen ein.

Meinrad und Emy sind fasziniert von der Schönheit des stolzen Hundes. Gioio ist anhänglich und so verspielt, dass er sogar mit Meinrad auf Bäume klettert. Aber er ist auch territorial, pöbelt Leute an und attackiert andere Hunde. Triggert ihn etwas, wird er mit Emys Worten zu „La Bestia". Als er beim Spazieren eine Radfahrerin anspringt und sie ihn gerade noch stoppen kann, ist Emy entsetzt. Kurz darauf rempelt er eine Nachbarin an und fügt ihr Quetschungen zu. Ähnliches erlebt auch Meinrad mit Gioio.

Das Paar lebt in einem 200-Seelen-Dorf, wo gut nachbarschaftliche Kontakte gepflegt werden. Gioios Ausraster verunsichern die Bewohner. Sie gehen auf Distanz. Meinrad und Emy fühlen sich zunehmend isoliert. In ihrer Not wenden sie sich an einen Experten für Listenhunde. Der nimmt Gioio hart an die Kandare, was dessen Verhalten noch verschlimmert. Im Gruppentraining eines Hundevereins geht Gioio auf Artgenossen los. Wieder wird ein Spezialist aufgeboten, der auf Dominanz setzt, und wieder wirkt der Druck kontraproduktiv.

Im Herbst 2019 sind die beiden am Ende ihres Lateins, ihre Sympathie für Gioio ist auf einem Tiefpunkt angelangt. Da begegnen sie Steve Lautz, dessen „endlose Freundlichkeit mit Hund und Halter“ sie beeindruckt. Steve öffnet ihnen die Augen für die Sensibilität und die Unsicherheit, die sich unter Gioios harter Schale verbergen, und er macht deutlich, wie überfordert der Hund ist. Dieser braucht Halt, um sicherer zu werden. Das regelmäßige Training bei Steve macht Gioio aufmerksamer. Ohne Auslösereiz verhält er sich bald einwandfrei.

Gioios Explosivität, meint Steve, wird aber erst nachlassen, wenn seine Menschen Boden unter die Füße bekommen. Im Training fallen bei Meinrad die innere Anspannung und bei Emy die Unsicherheit auf, wenn sie mit dem Hund arbeiten. Steve verweist die beiden an mich. In telefonischen Erstgesprächen vereinbaren wir Online-Sitzungen, wobei ich jeweils erst mit Meinrad und im Anschluss mit Emy arbeite.

Ruhe vor dem Sturm

SAMSTAG, 27. JUNI

Meinrads geballte Energie ist am Bildschirm deutlich spürbar. Er ist Marketingexperte in der Nahrungsmittelindustrie und stammt aus einer Bauernfamilie, deren Mitglieder er als lebensfroh und stur charakterisiert. Meinrad nennt sich selbst einen grundehrlichen Menschen mit ausgeprägtem Pflichtgefühl, der hart austeilen, aber auch viel einstecken kann. Er geht gern an seine Grenzen, gibt mit dem Motorrad Gas, geht es in den Ferien mit dem Wohnmobil aber gemütlich an. Eine Leidenschaft ist das Wandern, eine andere das Kochen, wenn er am Abend mit Emy und Gioio gemütlich beisammensitzt.

Das ZRM ist für Meinrad Neuland. Am Telefon meint er spaßeshalber, er wolle damit seinen „Dachschaden" beheben. Den habe er sich zugezogen, als er bei der Arbeit gegen Wände gedonnert sei. Nun erzählt er: „In den letzten zwei Jahren hatte ich dauernd Querelen mit Vorgesetzten, die den Betrieb gefährdeten. Ich kann nicht anders als Fehler klar ansprechen. Aber das kam nicht gut an. Sie sagten: ‚Sei still!' Blockten alles ab, wussten alles besser. Dauernd lief dann etwas schief, und ich musste es wieder richten. Das machte mich wahnsinnig. Gioio kam zu uns, als die Probleme begannen. Das war nicht gut."

Meinrad seufzt und beschreibt, wie rasch sein Geduldsfaden reißt. „Ich schaffe es einfach nicht, souverän mit Gioio umzugehen. Früher hatte ich einen guten Draht zu Hunden. Ich beobachtete sie und spürte genau, was zu tun ist. Durch den ganzen Stress bin ich dann aber verbissen geworden. Ich habe mein Bauchgefühl verloren – und ohne das finde ich den Draht zu Gioio nicht, kann ihn nicht abholen."

„Dein Bauchgefühl macht dich bei der Arbeit zuverlässig auf Missstände aufmerksam", gebe ich zu bedenken. „Damit läufst du regelmäßig ins Messer. Kein Wunder, hat es da keine Lust mehr, sich zu melden. Wie ein Ritter ziehst du mutig in die Schlacht, aber die Kämpfe zerreiben dich. Es ist zum Haare raufen." Meinrad fasst sich schmunzelnd an den kahlen Kopf. Ich fahre fort: „Da fehlen dir die Nerven für einen wie Gioio, der bei aller Sensibilität ja auch hart ins Gefecht geht."

„Mein Spiegel“, lacht Meinrad und fährt fort: „Im Herbst 2019 rumpelte es. Da haben sie mich gebrochen. Ich wollte kündigen, aber dann holte mich ein Vorgesetzter in sein Team, der meine Gradlinigkeit schätzte. Es tut gut, dass endlich jemand weiß, was er an mir hat.“

„Harte Bandagen!“, staune ich. „Du sagst, sie brachen dich? Lass uns das zusammenfügen.“

„Sehr gerne!“, strahlt Meinrad und reibt sich die Hände.

„Was soll wieder ganz werden?“, möchte ich wissen.

„Ich will mich wieder spüren, meine Geduld, meine Gelassenheit zurückbekommen. Für mich und für Gioio. Früher war ich mit meiner Hündin eng verbunden, Gioio hingegen lasse ich nicht an mich heran. So hat er keine Chance. Ich will in meine Stärke kommen und ihm vertrauen. Denn egal, was ist, es darf sein, weil er bei mir ist und ich auf ihn aufpasse. Zwischen uns soll Wärme entstehen.“

„Wie fühlst du dich, wenn du das sagst?“, frage ich.

„Es macht mich nervös. Ich kenne das, kann es aber nicht abrufen.“ Meinrad ist sichtlich unruhig. „Ich falle grad in mir zusammen“, sagt er ernst. „Lasse endlich los.“

Zeit also für ein neues Kapitel. Nicht nur im Geschäft, sondern auch mit Gioio. Meinrad wirkt erleichtert, als er das hört: „Darauf freue ich mich! Wieder genießen können. Die Arbeit hat Raum geraubt, der für meine Hündin da war, aber nicht für Gioio.“

„Er zwingt dich, da hinzuschauen“, sage ich. „Er braucht deine Geduld und einen Platz in deinem Leben.“

„Dafür ist es höchste Zeit!“, stimmt er zu und schaut den Hund an, der ihm zu Füßen liegt. „Du kannst mich aber gerne auch weniger stressen!“ Und fährt, zu mir gewandt, fort: „Ich habe schon viel Schweres erlebt und daraus immer das Beste gemacht. Aber das wollte mir bei der Arbeit nicht gelingen. Der Ärger fraß mich auf, ich verbiss mich und ließ nicht mehr los.“ Meinrad seufzt und beruhigt sich.

„Lass uns das Thema →S. 21 deines ZRM-Abenteuers festlegen“, biete ich an und wiederhole Worte, die er benutzt hat, als die

Gefühle ihn übermannten: *sich spüren, gelassen bleiben; Sicherheit, Vertrauen und Geduld aufbauen – für Gioio und für sich selbst. Es darf sein! Wärme*... Lässt sich daraus ein Satz formulieren, der benennt, was wieder ganz werden soll? „Definitiv!“, meint Meinrad, spielt mit den Worten und entscheidet sich für: *Ich will für mich wieder da sein, damit ich für dich da sein kann, in vertrauensvoller Verbindung und sicherer Wärme.*

Er streichelt Gioios Kopf. „Das gibt Ruhe! Gut, nicht wahr, Stinker...“

„Lass uns schauen, welche Ressourcen du in dir hast, um dieses Ziel zu erreichen.“

Meinrad zögert. „Klar. Aber ich habe Schiss.“

„Schiss wovor?“

„Schiss zu scheitern. Denn auch wenn bei der Arbeit oft nichts zu retten war, hatte ich das Gefühl, versagt zu haben. Ich zweifle nicht am ZRM, auch nicht an dir – ich zweifle an mir.“

Ich lade ihn ein, darauf zu vertrauen, dass ich ihn sicher zu seinem Bauchgefühl begleiten werde. Darauf lässt sich Meinrad ein. Er betrachtet nach einer kurzen Entspannung zwei Bilddurchläufe im ZRM-Online-Tool → S. 20 und entscheidet sich für den Bären: „Der ist richtig stark!“

Ich nehme den Bären auf den Bildschirm. Meinrad assoziiert: „Der ist scharfsinnig und gelassen, hat eine Kraft im Körper, die sanft und urgewaltig zugleich ist. Er ruht in sich mit all seinen Eigenschaften." Und kommt zur stupenden Erkenntnis: „Das bin ich!"

„Merkst du", schmunzle ich, „dein Bauchgefühl ist da!" Erlöstes Lachen am anderen Ende. „Zeichnen sich da Ressourcen ab?"

„Schon. Doch der Verstand widerspricht: Sei härter, dann kommst du weiter. Der Bauch: Zähme deine Urgewalt mit Sanftmut. Ein innerer Streit. Aber der Bär vereint ja beides, und mein Kopf weiß, dass es nicht weitergehen kann wie bisher."

Wir füllen einen Ideenkorb →S. 22 mit Worten zum Bärenbild. „Ich fühle mich ruhiger", sagt Meinrad zum Abschluss der Sitzung. „Die angestaute Wut lässt endlich nach."

MEINRADS BILD UND WUNSCH
ZRM-KARTEI

Ich will für mich wieder da sein, damit ich für dich da sein kann, in vertrauensvoller Verbindung und sicherer Wärme.

Nun sehe ich Emy. Sie stammt aus dem Schwabenland, arbeitet in der Pharmabranche und lebt seit zwölf Jahren mit Meinrad in der Schweiz. Beruflich steht auch sie unter Druck. Das liege vor allem an den hohen Ansprüchen, die sie an sich selbst stelle. Schwer trägt Emy an der Verantwortung für ihren demenzkranken Vater. Darüber hinaus ist sie um ihre Omi besorgt: Emy hängt sehr an der Großmutter, die im Sterben liegt.

Und dann ist da noch Gioio, der sie an die Grenzen ihrer Belastbarkeit bringt. Die ständige Angst vor seiner Unberechenbarkeit strapaziert ihre Nerven. Auch die Beziehung leidet, weil sie und Meinrad gegenüber Gioio nicht am selben Strang ziehen: Er arbeitet mit Druck, sie mit Lob. Emy ist erschöpft und leidet unter depressiven Verstimmungen. Auch sie hängt an Gioio, hat aber das Vertrauen in den Hund verloren und traut sich kaum mehr zu, ihn sicher zu führen. Als Steve ihr vom ZRM erzählt, sieht sie darin ihre Chance.

Emy legt los: „Mit Gioio knabbere ich an etwas Altem. Ich will alles perfekt machen und setze mich dauernd unter Druck. Kritisiert mich niemand, kritisiere ich mich selbst. Jetzt mühe ich mich mit Gioio ab, trainiere intensiv, wochenlang läuft es gut – und dann geifert er plötzlich eine Radfahrerin an. Das schmeißt mich innerlich um. Alles, was bis dahin so gut gegangen ist, wird wertlos. Meinrad gibt Gioio die Schuld, wenn der Hund nicht pariert. Ich gebe sie mir, weil ich ihn nicht richtig führen kann."

„Immer auf dem Radar, was nicht gut läuft", gebe ich zu bedenken. „Es dürfte Gioio frustrieren, wenn er wochenlang kooperiert und du in dir zusammenfällst, nur weil er einmal ausrastet."

„Dann kriegt er bestätigt: Die kann nicht führen", seufzt sie.

„Darf er denn mal ausrasten, wenn er an der Leine gesichert ist und nichts passieren kann?"

„Nein", kommt es wie aus der Pistole geschossen. Nachdenklich fügt Emy an: „Das ist eine Sackgasse, nicht wahr? Gioio ist nur eine weitere von vielen Sackgassen."

„Sackgassen? Wie meinst du das?“

„Ich gebe dir ein Beispiel: Gestern hatte ich im Geschäft mein Katastrophen-Meeting. Ich muss meinen Vorgesetzten regelmäßig Ideen präsentieren und ernte immer nur Kritik. Kein Wort der Anerkennung. Spräche ich das an, würden sie wohl sagen: ‚War doch ganz gut, wir bemängeln nur Kleinigkeiten.‘“

„Du machst sehr viel gut“, denke ich laut. „Doch das wird relativiert – durch kleinliche Bemerkungen vom Chef. Und durch Gioios Sprung in die Leine.“

Emy nickt: „Sich keine Blöße geben, immer einen Tick besser sein als erwartet.“

Ich frage, ob sie im Training mit Gioio auch Fortschritte erkenne. Sie bejaht. Mir ist unklar, weshalb sich ihre Frustration dann so stark aufbaut.

Emy beschreibt, wie sehr sie unter der Kritik bei der Arbeit leidet: „Ich geh dauernd in Meetings mit dem Gedanken: Mal schauen, woran sie mich jetzt wieder aufhängen werden.“

„Und bei Gioio“, mutmaße ich, „denkst du dann: Mal schauen, wie er mich heute wieder vorführt.“

Emy stöhnt: „Jep!“

„Zeit für etwas Neues“, ermuntere ich sie und stoße auf offene Ohren: „Oh ja! Ich will den tollen Kerl doch genießen können!“

„Stopp mal! Genießen? Was bedeutet das denn, wenn du doch so perfekt sein willst?“

„Loslassen“, erklärt sie. „Einfach sein. Mit dem Camper nach Skandinavien fahren, an einen See hocken, Energie tanken. Perfektion ist immer mit Druck verbunden. Da ist ein Ziel, das ich erreichen muss. Kaum angekommen, wartet schon das nächste. Genießen hingegen ist unbeschwertes Sein. Eine halbe Stunde länger laufen? Egal! Wenn es Freude macht. Das gäbe mehr Lebensqualität.“

„Einfach sein – ist es das, was du auch mit Gioio willst?“

„Da wird mir warm“, freut sich Emy. „Das fühlt sich gut an. Wenn ich ganz entspannt laufe, lasse ich mich auf Gioio ein. Bin ich hingegen gestresst, werfe ich ihm halbherzig Bälle zu und denke: Da, hab Spaß!“ Genießen, fährt sie fort, bedeute auch, alle Fünfe mal gerade sein zu lassen. Und sie erinnert sich, wie sie mit dreißig mit den Nerven am Ende war: „Damals reiste ich allein nach Australien, wo ich tun und lassen konnte, was ich wollte. Das war Genuss pur, da fand ich meinen inneren Frieden.“

Als sei der innere Frieden sein Stichwort, bellt Gioio laut los – und Emy zuckt zusammen. Die Situationskomik bringt uns zum Lachen.

„Mehr Genuss im Alltag …“, nehme ich den Faden wieder auf, und Emy übernimmt: „… bedeutet auch mehr Leichtigkeit und mehr Vertrauen. Dieses Es-wird-schon-Gehen, das mir fehlt. Ja! Ich will die Ansprüche etwas herunterschrauben und mehr genießen. Das wäre traumhaft. Nicht mehr so ein Tüpflischisser sein. Wenn jeder Fehler von Gioio mich wahnsinnig macht, muss das für den jungen Hund ätzend sein. Er soll doch Hund sein dürfen!“ Nachdenklich hält sie inne: „Das ist jetzt spannend. Bei meiner Mutter durfte ich nie Kind sein, musste perfekt funktionieren. Und jetzt soll Gioio Hund sein dürfen?“ Selbstkritisch erkennt sie: „Das habe ich ihm nicht erlaubt.“

„Er darf kein Tollpatsch sein“, stimme ich ihr zu.

„Wenn ich hinfiel und mir die Knie aufschürfte, bekam ich zu hören: Du bist zu blöd zum Laufen, statt: Du Arme, ich hol Dir ein Pflaster. Ich passte nicht ins Schema, kletterte auf Bäume, fiel runter, kam dreckig heim, sammelte Würmer – und dann hieß es: Das tut man nicht! Was sollen denn die Nachbarn denken?“

Als Emy sich an ihre Wildheit erinnert, beginnen ihre Augen zu leuchten: „Da war ich glücklich und voller Energie.“

„Selbstzweifel?“, frage ich und kenne die Antwort schon.

„Wo denkst du hin! Ich sah mich doch nicht runterfallen, als ich auf Bäume kletterte“, sagt Emy bestimmt. Und jetzt ist dieser wilde

Hund an ihrer Seite. La Bestia! „Früher hätte ich gesagt: Krieg ich hin. Und heute? Nichts als Panik!"

„Wenn du das Wilde in dir wieder genießen könntest..."

„...dann hätte Gioio Spaß mit mir und würde nicht bloß hören: Nee, bin müde, jetzt nicht! Ich würde ihn öfter überraschen, statt lustlos immer das gleiche zu tun."

„Ihn nehmen, wie er ist?", folgere ich.

„Ja! Wild, kraftvoll, sensibel und auch mal tollpatschig. Wer wild ist, kann hinfallen. Er ist jung und provoziert. Darüber will ich lachen können. Werde ich wütend, stachelt ihn das nur an."

„Sind wir auf der richtigen Spur?", sichere ich ab.

„Mir wird leichter. Sei nicht dies, sei nicht jenes... Ich will wieder frei sein! Und freu mich grad riesig über das, was wir hier machen."

Ich nenne Begriffe, die sie spontan gesagt hat, und Emy formuliert daraus: *Ich will frei genießen, Energie tanken, lebendige Freude spüren und mutig werden.*

„Das ist es! Genießen ohne schlechtes Gewissen", lacht sie. „Der Knaller, wenn ich Lebensfreude und Mut zurückhaben könnte!"

Zu ihrem Herzenswunsch holt sich Emy eine tüchtige Portion Ressourcen im Online-Tool → S. 20. Sie fühlt sich zu den Schweinchen und zum Fuchs hingezogen.

„Die Schweinchen", überlegt sie, „schnuffeln drollig umher und entdecken mutig Schritt für Schritt die Welt. Der Fuchs? Yipiaieeeh! Rennt voller Energie über die Wiese, koste es, was es wolle. Junge Tiere, die sich nicht um Gefahren scheren. Genau wie Gioio. Das fühlt sich gut an. Auch meine Welt soll wieder groß und lustvoll sein."

Wir sammeln Begriffe zu den Bildern. Dann verabschiedet sich Emy. Gleich erwarten sie und Meinrad Gäste. Schelmisch merkt sie an: „Ich wasch mir die Haare nicht. Ich muss ja nicht mehr perfekt daherkommen... Weißt du was? Ich fühl mich so toll wie schon lang nicht mehr!"

EMYS BILDER UND WUNSCH

ZRM-KARTEI

Ich will frei genießen, Energie tanken,
lebendige Freude spüren und mutig werden.

Schockstarre

SONNTAG, 28. JUNI

Als ich am Sonntag von einem Verwandtenbesuch nach Hause fahre, prüfe ich kurz meine Mails und finde diese Nachricht von Meinrad:

Postfächer Eingang Gesendet Entwürfe

Meinrad

Heute um 17:35

Vorfall mit Gioio

An: Steve Lautz, Vera Bürgi

Lieber Steve, liebe Vera

Es gab einen unschönen Vorfall. Das Coaching hat viel bewegt, ich war die Ruhe selbst. Auch Gioio war entspannt, begrüßte unsere Gäste freundlich, kein Drängeln, kein Pöbeln. Super. Im Garten, wo er sonst immer kontrolliert, lag er ruhig neben mir. Als sich eine Nachbarin näherte, schoss er über den Zaun, was er noch nie getan hat, und biss deren Hund. Ein Glück, dass er gleich wieder losließ. Die Wunde musste genäht werden, der Biss wird gemeldet. Wir werden vom Veterinäramt Auflagen bekommen. Vera, dank dem ZRM konnte ich ruhig bleiben. Das half.

Gioio hat meine Toleranzgrenze aber überschritten. Der Faden, der uns verbindet, ist nun sehr dünn geworden. Ich habe jegliches Vertrauen in ihn verloren. Wir betreiben so viel Aufwand, und er dankt es uns mit Aggression. Das enttäuscht mich. Wir kriegen es nur hin, wenn Gioio mitmacht. Aber er will einfach nicht. Und das macht ihn gefährlich. Das Risiko wird mir zu groß. Ich habe Gioio wirklich gern, toleriere aber nicht, dass er Menschen oder Hunde verletzt. Er trägt draußen ab sofort einen Maulkorb. Wenn er jetzt nicht begreift, worum es geht, ist seine Zeit abgelaufen. Ich will keinen Killer an meiner Seite. Ich hoffe, Gioio kriegt die Kurve.

Liebe Grüße, Meinrad

Mir stockt der Atem. Was für ein Dämpfer mitten im hoffnungsvollen Aufbruch! Ich frage mich, wie es weitergeht. Bedeutet dies, dass die Geschichte vorzeitig enden wird? Oder kann es uns gelingen, mit dem ZRM eine tragfähige Grundlage für das Trio zu schaffen?

Jetzt oder nie

MONTAG, 29. JUNI

Am Tag darauf erfahre ich mehr. „Unsere Sitzung", sagt Meinrad, „war intensiv. Danach ging ich in aller Ruhe laufen und bereitete das Essen zu. Es war unglaublich, wie anständig Gioio unseren Freunden begegnete. Er sprang nicht hoch, engte nicht ein. Noch nie sah ich ihn so entspannt auf Leute zugehen. Im Garten lag er beim Grillen ganz ruhig neben mir. Ich behielt ihn im Auge – und dann ging plötzlich alles schnell. Nie hätte ich es für möglich gehalten, dass er aus dem Liegen mit abgeknickter Hüfte über den Zaun schießt! Er erschrak wohl selber, denn er ließ den Hund sofort wieder los und verkroch sich ins Gebüsch. Ich dachte nur: Du Esel, jetzt gibt's Ärger! Ohne ZRM wäre ich da ausgerastet und hätte ihn am Kragen gepackt. Zum Glück blieb ich ruhig. Seither schleicht er mir nach und reagiert aufs kleinste Signal."

Ich zeige ihm das Bärenbild und frage, wie sich das anfühlt.

„Dieses Bärengemüt wünsche ich mir!", seufzt er. „Der Blick sagt: Himmel, muss das sein? Mit seiner Urkraft aber ruht er in sich, die souveräne Erscheinung reicht."

„Souveränität?", frage ich.

„... brauche ich definitiv für eine vertrauensvolle Verbindung mit Gioio."

Also weiter im Text. Spontan und gefühlsmäßig wählt Meinrad Lieblingsbegriffe aus dem Ideenkorb zum Bärenbild: *Gelassen, Raum für Neues, scharfsinnig, in sich ruhen, verbunden mit allen Elementen, entspannte Urkraft, zottlig-sanft, souverän, willensstark, präsent, Elemente spüren.*

Ich lese ihm die Worte mehrmals vor, und er beschreibt, was ihm dazu einfällt: „Es ist, als würden Funken zwischen Kopf und Bauch schlagen. Sehr angenehm! Ruhig und präsent den Überblick behalten. Mit meiner archaischen Kraft umgehen. Das gibt Spielraum. Urgewaltig hinstehen und sagen: So nicht! Aber auch zottlig-sanft

MEINRADS IDEENKORB UND MOTTO-ZIEL

gelassen | Raum für Neues | scharfsinnig

in sich ruhen | entspannte Urkraft

verbunden mit allen Elementen | zottlig-sanft

souverän | willensstark | präsent | Elemente spüren

↓

Gelassen und scharfsinnig nutze ich die Elemente meiner Urkraft und schaffe souveränen Lebensraum für meine kraftvolle Präsenz.

anbieten: Lehn dich an, wir schaffen das. Dieses Wechselspiel kenne ich. Nur ging dieses sanfte Mit-auf-den-Weg-nehmen verloren. Ich stecke fest im Vorwärts-und-Peitsche-drauf!"

„Wecken das Bild und die Worte dein Bauchgefühl?", frage ich. Er lacht: „Da krieg ich Hunger. Ja, das tun sie! So geht es mir gut, und so kann ich mit Gioio eine Verbindung aufbauen."

Aus den Worten basteln wir das Motto-Ziel → S. 26: *Gelassen und scharfsinnig nutze ich die Elemente meiner Urkraft und schaffe souveränen Lebensraum für meine kraftvolle Präsenz.*

Das sei wie ein Adrenalinschub, meint Meinrad. Viel Energie, die er aber halten könne. Ein Hin und Her zwischen Kopf und Bauch. „Beide stimmen sich aufeinander ab", sagt er zuversichtlich. „Jetzt gehe ich mit Gioio raus und schaue, wie er reagiert."

Ich arbeite mit Emy weiter und drücke mein Bedauern über den Vorfall mit dem Hund der Nachbarin aus.

Sie seufzt: „Das wird Konsequenzen haben. Erstaunlich aber ist, wie ruhig wir bleiben konnten. Ich fühlte mich in dieser Situation Meinrad so nah wie schon lange nicht mehr. Ich zog mich nicht zurück, er explodierte nicht. Wir redeten sachlich miteinander. Nur frage ich mich: Halte ich das mit Gioio die nächsten Jahre durch? Stehen wir im Dorf jetzt als asoziale Kampfhund-Besitzer da? Wir investieren so viel in den Hund. Meine Agenda ist prallvoll mit Terminen für die Hundeschule. Und jetzt das. Ich habe Gioio wirklich gern. Aber ich stelle mir die Sinnfrage. Ich will es schaffen, muss aber Erfolge sehen. Sonst geht mir die Puste aus."

Zur Mail von Meinrad sagt Emy: „Es wird nichts so heiß gegessen, wie es gekocht wird. Wir hängen alle sehr aneinander." Sie reflektiert, was nach der Sitzung vom Samstag anders lief. „Normalerweise hätte der Vorfall bei mir eine Panikattacke ausgelöst. Jetzt überlegte ich ruhig, was zu tun ist, und ich wusste: Da müssen wir durch. Aber die Leichtigkeit ist grad weit weg."

Als ich Schweinchen und Fuchs auf den Bildschirm hole, lächelt Emy versonnen: „Da wird mir gleich warm, das Herz geht auf. Ich sehne mich danach, so unbelastet und neugierig wie diese Tiere sein zu können. So fühlte ich mich am Samstag, bevor es passierte. Auch Meinrads Bär berührt mich. Mein Held, der so verbissen wurde... und dann dieses Bild. Boah, dachte ich... Ich freudiger und du entspannter? Was für eine Kombination!"

Emy hofft, dass auch Gioio vom ZRM profitieren kann: „Er muss sich ja erst einmal auf die Veränderung einstellen. Sicher war er irritiert, als wir beide plötzlich so entspannt waren. Auch er war anders. Hätte er nicht gebissen, würde ich sagen, es kommt gut. Aber so weiß ich nicht, wo wir in ein paar Wochen stehen werden."

Weil Ressourcen gerade jetzt so wichtig sind, fahren wir fort. Emy pickt mit dem Gefühl diese Formulierungen aus dem Ideenkorb: *Ich mache mir die Welt, wie sie mir gefällt, zusammen stark, pure Lebensfreude, hallo, hier bin ich, mutig, Frohnatur, Sonnenschein, sauwohl, das Leben ist schön.*

Meine Wortdusche genießt sie sichtlich: „Gekauft! Das nehme ich alles."

Wie versteht sie diesen Fingerzeig aus dem Unbewussten? „Als ich ein Kind war, hieß es, die Sonne gehe auf, wenn ich zur Tür hereinkam. Ich hätte immer gelacht und die Herzen erobert. Das habe ich verloren, aber in diesen Worten taucht es wieder auf." Daraus entsteht das Motto-Ziel: *Freude, Glück und Sonnenschein! Ich mach mir die Welt, wie sie mir gefällt – das Leben ist schön, und ich fühl mich sauwohl!*

Emy findet das „megaschön" und überlegt: „Schon lustig. Ich fühlte mich nie so niedlich, war immer die gradlinige, mit allen Wassern gewaschene Frau. Aber das Verspielte macht alles bunter und leichter. Vertrauensvoll drauflos. Nicht dauernd nach Risiken scannen. Die Leichtigkeit, mutig Schritte zu machen, ohne zu wissen, was mich erwartet. Im Vertrauen darauf, dass ich meistern kann, was kommt. So wäre mir wirklich sauwohl!"

Freude, Glück und Sonnenschein! Ich mach mir die Welt, wie sie mir gefällt – das Leben ist schön, und ich fühl mich sauwohl!

„Da wollen wir hin!“ Ich beschließe die Sitzung mit der zuversichtlichen Erkenntnis: „Gioio wird es dir danken, wenn du nicht immer und überall Gefahren witterst.“

Der Wind dreht

MONTAG, 6. JULI

Am Morgen erreicht mich wieder eine Mail von Meinrad. Ich öffne sie mit einem mulmigen Gefühl – und finde den Link zu einem Video-Clip, in dem ein Bär an einem umgekippten Verkehrskegel vorbeitrottet, umkehrt, ihn wieder aufstellt und weiterzottelt. „Guten Morgen, Vera“, schreibt er dazu. „Was sehe ich auf LinkedIn? Zufall oder nicht: Es ist stimmig.“ Ich schmunzle erleichtert: Der Bär ist in Meinrads Leben angekommen.

Als wir uns am Nachmittag sehen, berichtet er: „Gioio kann mich nicht mehr aus der Ruhe bringen. Ich setze dem Muskelpaket meine erstarkten Nerven entgegen. Tut er blöd, denke ich: ‚Bürschchen, so nicht‘ – und laufe weiter.“

Schön, das zu hören!

„Etwas fällt besonders auf an ihm“, fährt Meinrad fort. „So schnell, wie er jetzt aufbraust, so schnell kommt er auch wieder runter. Solange ich dabei ruhig bleibe, schaut er mich erstaunt an und scheint zu denken: Da stimmt was nicht...“ Nachdenklich fügt er an: „Ab sofort gilt für Gioio behördlich verordnete Leinenpflicht. Ausflüge auf die Wiese, wo er ausgelassen herumtoben könnte, sind gestrichen.“

Mir fällt Meinrads neues Selbstverständnis auf; es stimmt mich zuversichtlich – auch, weil ich die weiteren Ressourcen kenne, die wir noch im Köcher haben. Die erste davon kommt jetzt zum Einsatz: Das Embodiment → S. 28. Ich begleite Meinrad mit meiner Stimme auf eine Entspannungsreise, in der er seine Motto-Ziel-Haltung mit allen Sinnen verinnerlichen kann.

Als er wieder auftaucht, zeigt er sich erstaunt über die Intensität dieser Erfahrung. Er erinnert sich an ein Bild, das auf den Punkt bringt, was er eben erlebt hat: „Meine Mutter erzählte oft, wie sie als Kind mit dem Vater und den vierzehn Geschwistern in die Kirche ging.

Vorneweg der stolze, weißhaarige Mann, hinterher die Kinderschar. Ich fühlte mich gerade wie mein Großvater, lief mit Gioio genussvoll übers Land und war sehr stolz auf den Hund."

„Stark!", freue ich mich mit ihm.

„Ja, der Großvater war mein Vorbild", schwärmt Meinrad. „Er brauste nie auf, war nie gestresst und hatte – egal, wie viel er arbeitete – stets für jeden ein Lächeln und ein offenes Ohr für alle."

Auf meine Frage, wo und wie er diese Haltung im Körper gespürt habe, antwortet er: „Eine Spannung in Schultern und Rücken. Ich bin jemand. Präsenz!" Während er das sagt, sehe ich, wie sein Brustraum anschwillt. Ich bitte ihn, die Bewegung bewusst zu wiederholen und zu spüren, wie er die Haltung rasch aktivieren kann. Davon ist er angetan; das, sagt er, werde Gioio gewiss wahrnehmen. Wir runden die Sitzung mit einem Ideenkorb voller Erinnerungshilfen →S. 31 ab.

Und wie sieht es bei Emy aus? „Gut“, lacht sie. „Meinrads Ruhe ist eine 180-Grad-Wende! Auch ich bin gelassener, falle aber noch in ein Loch, wenn mir alles über den Kopf wächst. Doch das ist weniger tief, und ich finde schneller wieder raus. Alles in allem geht es aufwärts. Ich fühle mich ausgeglichener und bin fokussierter. Am Wochenende hatte ich die wahnwitzige Idee, Kuchen zu backen. Dazu reicht zwar die Zeit vor den Ferien nicht mehr, aber nur schon die Lust darauf ist super. Ich habe nicht mehr dieses Puh-nicht-auch-das-noch-Gefühl, komme wieder auf die Beine und freue mich über die kleinen Dinge im Alltag. Ich fühle mich wieder lebendig.“

„Und wie läuft es mit Gioio?“, erkundige ich mich.

„Ich bin ruhiger mit ihm. Die Leine gibt mir Sicherheit, und ihn scheint sie nicht zu stören. Am Samstag ging ich zum ersten Mal allein mit Gioio im Wald spazieren – statt auf die gewohnten Runde, wo wir garantiert keinem begegnen. Ich genoss es zu wissen, dass er nicht weglaufen und nicht pöbeln kann. Bisher lief er ja fast nur frei, weil Meinrad das so wollte. Nun, da Gioio angeleint ist, kann ich wilder sein.“

Auf das Motto-Ziel angesprochen sagt Emy, es sei sehr präsent. „Sauwohl“ sei es ihr zwar noch nicht, aber wenn es ihr mal nicht gut gehe, motiviere sie sich genau mit diesem „sauwohl“ – und dann nehme sie die Welt wieder so wahr, wie sie ihr gefällt. „Sauwohl“ heiße auch, dass alles etwas sanfter sein dürfe.

„Ein Waldspaziergang mit Leine statt wildes Toben im Freilauf“, nehme ich den Faden auf.

„Genau. Langsam gehen, schnuffeln hier, gucken da. Das gefällt mir. So werde ich mit Gioio in Schweineschrittchen mutiger und muss keinen inneren Schweinehund mehr bezwingen.“

Auch Emy lasse ich die neue Haltung mit einer Entspannungsreise erkunden. Wunderbar kitschig sei es gewesen, sagt sie danach. „Ich rannte als Mädchen leichtfüßig über eine Wiese, lachte, fiel hin, rannte weiter, fühlte mich sauwohl – und immer war da ein Hund neben mir. Arme in die Luft, Sonnenschein – wie bei Astrid Lindgren. Das war grad unglaublich schön!“

Während sie erzählt, reißt sie spontan die Arme hoch. Ich bitte sie, dies bewusst zu tun und dabei die lebensfrohe Haltung wahrzunehmen. Emy tut’s – und jauchzt vor Freude. „Wenn du im Büro bist und kritisiert wirst…“, beginne ich, und sie beendet den Satz: „…denken die anderen, die ist nicht ganz dicht.“ Grinsend biete ich an, dies mit einer Mini-Bewegung zu vermeiden. „Ich kann mit dem Fuß wippen und spüren, wie ich über die Wiese renne. Raus aus dem Frust, rein in Freude, Glück und Sonnenschein. Die Sonne auf der Haut spüren. Das befreit. Das ist das ‚Yipiaieeeh‘! Vom Fuchs!“

Es macht Spaß, Emy so fröhlich zu sehen. Zusammen füllen wir einen Ideenkorb mit Erinnerungshilfen. Sie strahlt: „Wow, tut das alles gut!“

Die Haltung sitzt

MONTAG, 13. JULI

Eine Woche später ist Meinrad noch immer die Ruhe selbst. Er bleibe gelassen – egal, was der Kerl mache. Denke er mal „Herrgott, Gioio, bleib anständig!“, sei sofort sein Bär da, und er fahre seine Emotion runter.

Das Wochenende sei schwierig gewesen: „Erst ging der Motor vom Motorrad kaputt und dann auch noch die Batterie des Wohnmobils, mit dem wir in die Ferien fahren wollen. Aber ich behielt die Nerven. Früher hätte ich da gewaltig geflucht, und es wäre garantiert etwas durch die Luft geflogen. Jetzt lasse ich mich nicht mehr stressen.“

„Du bist wirklich ausgeglichen!“, staune ich. „Wie geht es Gioio dabei?“

„Meine Ruhe gibt ihm Halt. Und ehrlich gesagt, die Leine macht Sinn. Er kriegt so weniger Raum zum Kontrollieren.“

„Hast du das Gefühl, er beginnt zu kooperieren?“, frage ich.

„Zu Hause, ja. Da hatte er zuvor auf dem Balkon alles verbellt. Jetzt schaut er uns an, wir sagen: ‚Lass es!‘ – und meist lässt er es dann auch. Im Freien besteht noch Verbesserungspotenzial. Als ich vor einigen Tagen mit einem Nachbarn sprach, wollte Gioio ihn plötzlich anrempeln. Aber grundsätzlich ist auch er ruhiger geworden. Wichtig ist, dass er noch besser auf mich hört. Spreche ich ihn an, scannt er erst, was rundum los sein könnte.“

An Meinrads Arm fällt mir ein Lederband auf. „Das ist meine Erinnerungshilfe. Leder passt gut zu meinem Motto-Ziel“, sagt er zufrieden. „Hier ist mein lederner Schlüsselanhänger und um den Hals unseres aus Ungarn importierten Vierbeiners ein rotes Lederhalsband mit Schweizerkreuzen und Lederfransen. Emy kriegt von mir Bären-Emojis, und von ihr habe ich ein waldiges Dusch-Gel bekommen. Den Bären habe ich auf dem Computer und auf der

MEINRADS ERINNERUNGSHILFEN UND MOTTO-ZIEL

Schlüsselanhänger aus Leder

Bär als Bildschirmschoner

Bären-Emojis

Gummibärchen

Gelassen und scharfsinnig nutze ich die Elemente meiner Urkraft und schaffe souveränen Lebensraum für meine kraftvolle Präsenz.

Foto vom Großvater

Lederarmband

Halsband von Gioio

Mausmatte. Gummibären sind auch toll, aber sie haben ein kurzes Leben!"

Da wird er plötzlich wieder ernst und zeigt mir ein Bild von seinem Großvater. Der sei auch ein Bär gewesen, erinnert er sich, und es sei ein gutes Gefühl, ihn mit der neuen Einstellung zu Gioio zu verbinden: „Der Großvater hat mir den größten Mist beigebracht. Aber ein Blick genügte, und alle wussten, was Sache ist."

Meinrad ist gut mit Erinnerungshilfen versorgt und somit bereit für das Handlungsfeld. Bei A-Situationen → S. 38 will er sich für jeden Erfolg ein Gummibärchen gönnen und sich jeweils belohnen, wenn er davon fünfzig schnabuliert hat. Mir scheint die Zahl etwas hoch gegriffen, aber für ihn stimmt das so. Gönnen will er sich nach fünfzig Gummibärchen einen Motorrad-Tag, nach hundert neue Enduro-Stiefel und nach hundertfünfzig ein Wochenende mit Emy an einem schönen Ort.

Eine B-Situation → S. 40 ist für Meinrad gegeben, wenn Gioio aufbraust. Er erkenne an dessen Ohren, wenn er Aggression aufbaue. Ich komme auf den Wenn-Dann-Plan zu sprechen → S. 44; und es leuchtet ihm ein, dass er in solchen Momenten sofort in die Bären-Haltung gehen muss. „Schultern zurück, Brust raus", sagt er bestimmt. „Dann bin ich präsent, und das spürt er." Damit steht Meinrads Wenn-Dann-Plan fest: *Wenn Gioios Ohren hochgehen, dann mach ich den Bär.*

Nun bin ich gespannt, wie es Emy ergangen ist.

„Am Samstag", erzählt sie, „suchte ich für meinen Vater einen betreuten Wohnplatz und besuchte Omi. Beiden ging es sehr schlecht. Als ich nach Hause kam, fühlte ich mich erschöpft, behielt aber die Nerven. In dieser Situation erzählte Meinrad mir von den Pannen mit seinem Motorrad und unserem Wohnmobil. Es hat mich verblüfft, wie ruhig er nach einem solchen Tag geblieben ist. Trotz allem haben wir den Abend in einem Gartenrestaurant genossen. Noch vor einem Monat wäre das undenkbar gewesen: Meinrad hätte

MEINRADS WENN-DANN-PLAN

WENN Gioios Ohren hochgehen,

DANN mach ich den Bär.

sich in seinen Zorn hinein gesteigert, und ich hätte mich verkrochen und meine Wunden geleckt."

An den Erinnerungshilfen hat auch Emy Spaß. „Schau, mein Lieblingsobjekt! Den Schlüsselanhänger mit den Schweinchen habe ich immer bei mir. Im Büro schreibe ich mit einem fuchsroten Stift, und zu Hause erinnert mich Lavendelduft an die schwedische Wiese. Meine Bilder begegnen mir auf der Mausmatte und auf dem Handy. Und als Gute-Laune-Snack gibt es süße kleine Belohnungen. Analog zum Bären kriegt Meinrad von mir Emojis von Fuchs und Schweinchen."

Ich bin begeistert: „Toll, wie ihr einander unterstützt!"

Emy schwärmt: „Ich kann das Leben wieder stemmen und lamentiere nicht mehr dauernd rum. Wenn morgens der Wecker klingelt, denke ich: Los geht's!"

„Wow! Emy ist also wieder da!"

„Ja, unglaublich, wie ich wieder leben und lachen kann. Dieses Gefühl ist der Wahnsinn! Wenn ich mich im Büro ärgere, bewege ich meine Füße und erlebe, wie ich über die Wiese renne."

Und Gioio?

„Er verändert sich sehr", sagt Emy. „Wir trainieren noch mit Steve, damit er lernt, sich bei Begegnungen mit anderen Hunden zu benehmen – und dann bin ich gespannt, wie er sich in den Ferien verhalten wird."

Wir besprechen den Umgang mit A-Situationen. Emy beschließt, eine Dose mit ihren Bildern zu bekleben. Sie will sie mit Schokolade füllen, wovon sie nach jedem Erfolg ein Stück isst. Sobald die Dose leer ist, wird eine Belohnung fällig: Nach zwanzig A-Situationen wird sie für Meinrad ein Geschenk suchen, nach weiteren zwanzig Gioio ausgiebig knuddeln. Sie liebe es, dessen Fell zu kraulen, sagt sie, und dafür wolle sie sich dann ausgiebig Zeit nehmen. Wenn Gioio einen Energieschub hat und Meinrad ruhig bleibt, will sie ihn mit einem Gummibärchen belohnen. „Darauf", lacht Emy schelmisch, „freue ich mich besonders!"

EMYS ERINNERUNGSHILFEN UND MOTTO-ZIEL

Schlüssel-
anhänger

süße kleine Belohnungen

fuchsroter
Stift

Freude, Glück
und Sonnenschein!
Ich mach mir die Welt,
wie sie mir gefällt –
das Leben ist schön,
und ich fühl mich
sauwohl!

Schweinchen-
und Fuchs-
Emojis

Bilder auf
dem Handy

Mausmatte

Lavendelduft

EMYS WENN-DANN-PLAN

WENN ich zu beißen beginne,

DANN renne ich innerlich über die Wiese
und höre Pippi-Langstrumpf-Musik.

„Wenn du an die Ferien denkst: Welche B-Situation könnte für dich zur Herausforderung werden?“

Die Antwort kommt sofort: „Wenn Gioio das Gebiet rund um den Camper zu seinem Revier erklärt, wird es schwierig. Immer wieder meint er, etwas zu sehen – und knurrt. Das nervt. Wenn er sich nicht beruhigt, will ich mich gegenüber Meinrad durchsetzen und Gioio ins Wohnmobil schicken können. Ich will mich nicht ärgern, sondern sagen: Hey, ich mach mir die Welt, wie sie mir gefällt.“

„Wie merkst du, dass du dir da die Haltung holen musst?“, will ich wissen.

„Wenn ich mich aufrege“, antwortet Emy und presst die Zähne aufeinander. Ich spreche sie darauf an. „Stimmt! Das kenne ich schon lange, wird mir aber erst jetzt bewusst, wo du es sagst. Witzig – Gioio macht das auch ...“

Und schon haben wir einen Wenn-Dann-Plan für Emy: *Wenn ich zu beißen beginne, dann renne ich innerlich über die Wiese und höre Pippi-Langstrumpf-Musik.*

Sie lacht: „Ein perfekter Notausgang!“

Trio mit Zukunft

MONTAG, 3. AUGUST

Zurück aus den Ferien genießen die drei ihre letzten freien Tage zu Hause. Mich interessiert, was sie erlebt haben. Meinrad erzählt, seine Ruhe halte an, und auch Gioio sei entspannter: „Ich gehe klar und konsequent mit ihm um. Sage ich etwas, tut er es sofort. Zeige ich auf seinen Platz, legt er sich hin und ist still. Er lehnt sich bei mir an und findet Halt. Unsere Bindung hat sich gefestigt. Beeindruckend war vor den Ferien das Training mit Steve. Auf der Basis des aufgebauten Vertrauens halfen wir Gioio, ein Verhalten zu überwinden, das sich schon fast ritualisiert hat: Wenn er Hunden begegnet, spielt er sich oft noch auf. Wollte er das tun, bekam er einen Spritzer Wasser in den Nacken verpasst. Ich dachte zuerst, das lasse ihn kalt – aber der war tief beeindruckt! Seither rastet er bei Hunden nur noch selten aus und akzeptiert, dass wir solche Begegnungen regeln.

Und wie lief es mit A-Situationen? „Vor lauter Genießen vergaß ich, auf A zu achten“, gesteht Meinrad und lacht. „Ich habe mir ab und zu einfach eine Handvoll Gummibärchen geschnappt, weil – hey! – so vieles läuft gut! Wir standen bei strahlendem Sonnenschein mutterseelenallein am Waldrand mit Blick auf das österreichische Waldviertel. Ohne das ZRM wären die Ferien nie so entspannt gewesen. Es durfte einfach gut sein!“

Die Motto-Ziel-Haltung scheint Meinrad integriert zu haben. Er sagt, er genieße es, voller Energie zu sein und sich dabei entspannt zu fühlen. Ich möchte noch mehr über die Entwicklung seiner Beziehung zu Gioio hören.

Meinrad erzählt: „Sowie Gioio anspannt, mache ich meine Bärenbewegung. Das nimmt er wahr und beruhigt sich. Und wenn ich ihn in einem bestimmten Ton anspreche, weiß er: Jetzt wirds ernst. Ich werde nicht mehr laut, weil ich begreife, dass das für ihn eine Aufforderung zum Angriff ist. Ich ändere nur die Tonlage. Das reicht.“

Früher sei er viel zu energisch mit Gioio umgegangen und habe ihm so laufend Gefahr signalisiert. Jetzt aber spüre er, wie er mit dem Hund umgehen müsse: „Ich krieg richtig Freude an Gioio – er vertraut mir, weil er sieht, dass ich führe.“

Es sei ihm auch klar geworden, fährt Meinrad fort, dass der Freilauf den Hund oft überfordert habe. „Die Leine gibt Sicherheit.“

Die vielen Eindrücke in den Ferien hätten Gioio so nudelfertig gemacht, dass Emy sich jetzt Sorgen macht, weil er dauernd schläft. „Das“, freut sich Meinrad, „ist genau der entspannte Hund, den wir immer wollten!“

„Ist er zuvor jemals so runtergefahren?“, will ich wissen.

„Nie!“, ist Meinrad überzeugt. „Gioio stand permanent unter Strom und reagierte auf alles, was um ihn herum geschah. Ich muss schon sagen: Die Kombination von Hundeschule und ZRM-Coaching ist genial.“ Noch vor fünf Wochen war Meinrad nahe dran, Gioio einschläfern zu lassen. Heute sind die Chancen für ein gutes Zusammenleben intakt.

„Das ist definitiv so“, sagt er. „Dennoch akzeptiere ich, dass ich immer auf der Hut sein muss. Ein Restpotenzial an Unberechenbarkeit bleibt bestehen.“

Was kann seine Haltung im Umgang mit Gioio noch gefährden?

Meinrad überlegt und sagt schließlich: „Wenn Gioio etwa als ‚Dreckskšter‘ beschimpft wird, was leider immer wieder vorkommt, reagiere ich ungehalten. Man kann den Hund doof finden, soll ihn das aber nicht spüren lassen. Es kam schon vor, dass ich jemanden bat, er möge warten, bis wir vorbei sind, die Person aber trotzdem weiterlief und geiferte: ‚Wenn der angreift, ist er dran!‘ Sowas kostet Nerven.“

Seine Haltung holt er sich da künftig mit dem Plan: *Wenn jemand ignorant reagiert, dann mache ich meine Bärenbewegung.*

„So kann ich souverän Führung übernehmen – und Gioio darf die Verantwortung abgeben.“

Zum Abschluss gehe ich auf den Umgang mit C-Situationen → S. 42 ein und lasse Meinrad den Abendspaziergang mit Gioio genießen.

Ich freue mich auf Emy, die lossprudelt: „Österreich war eine rundum entspannte Erfahrung; das hat auch Gioio deutlich gemacht – er war faszinierend ruhig, hängt extrem an Meinrad, dackelt ihm hinterher und himmelt ihn an. Nicht fordernd, eher bittend: Hey, darf ich mit? Die beiden sind toll. Bei mir läuft Gioio gut an der Leine, und mittlerweile finde ich seine Anfälle, die zum Glück immer seltener werden, fast schon amüsant: Herrlich, wie er die Backen aufbläst und mit den Vorderpfoten stämpfelt! Auch ich kann ihn da jetzt abholen."

Das Training mit Steve, fährt Emy fort, sei spannend gewesen: „Wir haben alle Hunde im Dorf aufgeboten: Sie sollten den Weg mit Gioio kreuzen. Jedes Mal, wenn er attackieren wollte, wurde er mit Wasser etwas erschreckt. Am ersten Abend bekam er drei Spritzer, am zweiten nur noch einen. Jetzt ist er soweit, dass er Hunden ausweichen will."

„Was hat sich sonst noch verändert?", will ich wissen.

„Ich bekam nie Panik", antwortet Emy. „Während der ganzen drei Ferienwochen nicht! Weder beim Campen noch mit Gioio. Ich sag einfach: Okay, probiere ich – und fasse den Schlüsselanhänger an. Wird mir mal mulmig, hilft der innere Wiesenfilm. Ich gönne mir

nun auch mehr Ruhe und kann endlich nein sagen, wenn ich etwas nicht tun will. Das ist neu. Neu ist auch diese Entspannung, wenn ich mit Gioio unterwegs bin. Heikle Situationen nehme ich nicht vorweg, sie interessieren mich erst, wenn sie auftauchen. Ich werde mutiger. Dabei ist es hilfreich zu sehen, was Gioio mit Meinrad schon gemeistert hat. Ich merke, dass Gioio entspannter ist, wenn ich es auch bin. Meine süßen Belohnungen habe ich vor lauter Genießen aber oft vergessen. Meinrad hielt ich öfter mal ein Gummibärchen hin und lobte ihn für seine Ruhe. Wir hatten Spaß und konnten das feine Miteinander genießen – auch mit Gioio. Kein Ringen mehr, wie er zu führen ist. Derjenige, der am anderen Ende der Leine läuft, bestimmt, wo es lang geht. Diese Harmonie tut uns allen gut. Mit dem Wissen von heute hätten wir dem armen Kerl früher viel ersparen können."

Das Finale

MONTAG, 7. SEPTEMBER

Wir sehen einander ein letztes Mal. Meinrad sagt: „Ich habe meinen Frieden gefunden und werde bei der Arbeit geschätzt. Das ist Balsam für die versehrte Seele. Kaum etwas kann mich noch ärgern. Ärgere ich mich über mich selber – etwa wenn ich mit Emy auf eine C-Situation anstoßen will und den Prosecco verschütte –, fluche ich kurz und lache gleich wieder."

„Und die Flasche", ergänze ich schmunzelnd, „die fliegt nicht mehr durch den Raum!"

Mit der C-Situation hat er einen Brief vom Veterinäramt angesprochen: Meinrad musste belegen, wie er sicherstellt, dass Gioio nicht mehr aus dem Garten springen kann. Seine Antwort war ein Foto, das den Hund angeleint zeigt. Postwendend wurde er des

Verstoßes gegen das Tierschutzgesetz bezichtigt, weil er – so die Unterstellung – Gioio draußen an die Kette gelegt habe. Das war natürlich absurd und brachte Meinrad auf die Palme. „Erst“, sagt er, „wollte ich anrufen und denen meine Meinung sagen. Dann dachte ich: Lass es ruhen! Ich besprach das mit Steve, rief nach einer Woche an und stellte den Irrtum in allem Anstand klar.“

Ich erinnere an seinen Plan: *Wenn jemand ignorant reagiert, dann mache ich meine Bärenbewegung.* „Das sitzt!“, staunt er.

„In den letzten zweieinhalb Monaten hat sich wirklich viel verändert“, sagt Meinrad nachdenklich. „Ich brauchte das ZRM, um an mich selbst heranzukommen und auch an Gioio, mit dem ich viel zu hart umgegangen bin. Jetzt bin ich wieder anständig, direkt und ehrlich. Etwas impulsiv zwar, wie Gioio, aber auch gelassen. Das gefällt mir sehr.“

Meinrad hat sein Bauchgefühl wieder, es belebt ihn mit einer Mischung aus Kraft und Sanftmut. Wir sind mit dem Anliegen gestartet, das sich nun deutlich konkretisiert hat: *Ich will für mich wieder da sein, damit ich auch für dich da sein kann, in vertrauensvoller Verbindung und sicherer Wärme.*

„Der Wunsch hat sich in allen Teilen erfüllt!“, bestätigt Meinrad. „Gioio und ich sind nun ein Team. Es war herausfordernd, mich so intensiv mit mir selbst zu befassen, aber du hast mich da wunderbar hindurchgeführt. Von den vielen Führungsschulungen, die ich schon besucht habe, kann keine dem ZRM das Wasser reichen. Früher dachte ich, Coaching sei etwas für Schwächlinge. Jetzt weiß ich: Mit sich ehrlich sein, ist etwas für echte Männer!“ Ein starkes Schlusswort.

Auch Emy ist zufrieden. Nach einem strengen Arbeitstag genießt sie die Abendrunden mit Gioio. Er reize aber nach wie vor ihre Grenzen aus. „Ich muss ihn zehnmal auf den Platz schicken, bis er sich ergibt“, erzählt sie. „Bei Meinrad hingegen ist es mit einem Mal getan. Gioio ist für mich immer noch eine Geduldsprobe!“

„Als wir begannen“, sage ich, „hättest du dir wohl kaum träumen lassen, dass du eines Tages Gioios Zorn witzig finden würdest.“ Sie grinst: „Wo denkst du hin! Ich bekam Panik, wenn ich allein mit ihm laufen musste! Und jetzt liebe ich das. Ich weiche noch vielem aus, kann ihn aber besser lesen und abholen.“

Weil Emy so gut auf die Entspannungsreise zur Motto-Ziel-Haltung angesprochen hat, biete ich ihr diese noch einmal an. Sie schildert danach, wie sie entspannt auf einer Wiese gelegen, an einem Grashalm gekaut, in den Himmel geschaut und Gioio neben sich gespürt habe. Genuss pur!

Ich ermuntere sie, beim Spazieren öfters innezuhalten. „Das macht Sinn“, sagt Emy. „Ich laufe oft noch zügig voran, will aber wirklich mehr verweilen. Wie in Österreich: hinsitzen und genießen. Das war grad Wellness für die Seele! Das ZRM ist eine wunderbare Erfahrung. Mit jeder Sitzung habe ich ein Stück Freiheit zurückgewonnen.“

„Das“, schmunzle ich, „verdankst du Gioio.“

„Und Gioio“, sagt sie glücklich, „kann jetzt ein gutes Hundeleben genießen. Das verdankt er dem ZRM.“

Druck nehmen, Sicherheit geben

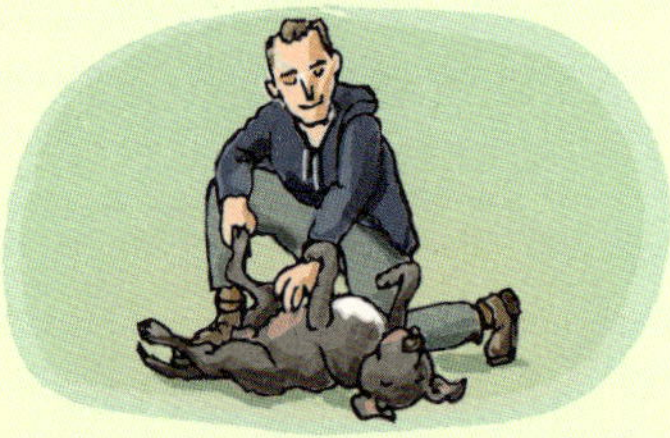

Steve Lautz über *Gioio*

Es gibt nach wie vor verantwortungslose Züchter, die den American Staffordshire Terrier darauf selektieren, dass er wenig Frust toleriert, wenig Drohverhalten zeigt und rasch angreift. Deswegen ist er ein Listenhund.

Nicht jeder, der die Rasse züchtet, legt aber Wert auf diese Wesenszüge. Es gibt viele richtig tolle Amstaffs, die sehr gut zu halten sind. Hunde, die mit dem ganzen Aggressionsstress nichts zu tun haben wollen und glücklich sind, wenn sie in Frieden mit ihren Haltern leben können.

Zu dieser Kategorie gehörte Meinrads erste Hündin. Gioio tickt anders. Das wussten Meinrad und Emy – und waren doch überrascht, wie sehr dieser Amstaff anders tickt. Der erste Trainer, ein Spezialist für Listenhunde, setzte auf Druck. Klar: Das funktioniert. Vor allem bei sensiblen Hunden, die – wie Gioio – keinen Stress mit ihren Menschen haben wollen. Aber: Druck untergräbt das Vertrauen. Dass der Amstaff körperlich massiv gebaut ist, macht ihn nicht auch emotional „hart im Nehmen".

Im neuen Zuhause lernte Gioio also: Probleme werden mit Druck gelöst. Und damit lernte er erstmal nicht, Herausforderungen kreativ zu bewältigen und sich auf Lösungswege einzulassen, die seinem Naturell weniger entsprechen.

Gleichzeitig war da diese Freiheit, die Meinrad ihm ließ. Gioio sollte möglichst wenig an der Leine laufen und eingeschränkt sein müssen. Das war zwar gut gemeint, machte aber keinen Sinn. Denn Gioio will geführt sein. Wenn er an der Leine läuft, kann er seinen Menschen das Zepter überlassen. Das gibt Sicherheit. Er weiß ja, es geht blöd aus, wenn er auf seine Art Ordnung schafft.

Mehr als Druck und Freiheit braucht Gioio Sicherheit und Geduld. Die bekommt er nun von seinen Menschen – dank des konstruktiven Zusammenwirkens von ZRM und Hundetraining.

Gioio will geführt sein. Wenn er an der Leine läuft, kann er seinen Menschen das Zepter überlassen.

DAS EXPERIMENT IST GELUNGEN

Vera Bürgi, Maja Storch und Steve Lautz im Gespräch mit dem Journalisten Daniel J. Schüz

Januar 2022: Das „Mensch, Hund!"-Manuskript ist abgeliefert. Für das Autoren-Trio die Gelegenheit, erst einmal tief durchzuatmen. Vera Bürgi, Initiantin und ZRM-Coach, Maja Storch, Psychologin und ZRM-Pionierin, sowie Steve Lautz, Trainer und Betreiber einer Hundeschule – sie alle haben mit dem ZRM-Reiseführer für beste Freunde ein tierisch spannendes Projekt auf den Weg gebracht. Nach der Abgabe des Manuskripts und vor dem Erscheinen des Buches ziehen die Autorinnen und der Autor bei einem Gin Tonic genüsslich eine Zwischenbilanz. Und sie bekennen, wie dieses Projekt ihr eigenes und das Leben ihrer Hunde verändert hat.

Das lange Warten hat begonnen. Wie fühlt sich dieser Moment an?

Vera: Mir geht's wunderbar. Ich kann es kaum erwarten, bis unser Buch bei den Menschen ankommt. Und bei den Hunden!

Maja: Was lange währt, wird endlich gut. Ich bin einfach richtig glücklich mit diesem Buch; es ist in jahrelanger sorgfältiger Recherchearbeit gewachsen und gereift. Es ist aus einem Guss, und das merkt man ihm auch an.

Steve: Auch ich bin sehr gespannt – und ich hoffe, dass das ZRM in der Hundeschule zum Standard wird. Mit dieser Methode wird auch der Mensch abgeholt, zudem kommt der Faktor Spaß ins Training; das finde ich faszinierend.

Vera: Für mich ist ein Traum wahr geworden, den ich schon vor zwanzig Jahren zu träumen begann – der Traum vom besseren Verständnis zwischen Mensch und Hund. Damals wusste ich allerdings noch nicht, dass die Lösung ZRM heißt!

Ungefähr in jener Zeit, vor mehr als zwanzig Jahren, hast du, Maja, zusammen mit dem Psychologen Frank Krause das Zürcher Ressourcen Modell entwickelt, ein Selbstmanagement-Training – natürlich für Menschen. An Hunde habt ihr damals wohl kaum gedacht...

Maja: Beim ZRM steht immer der Mensch im Vordergrund; mit einem Hund habe ich das erst zehn Jahre später in Verbindung gebracht. Damals war der Gustl, mein erster Mastino Napoletano, gerade mal zwei Jahre alt, er brachte aber schon stolze achtzig Kilo auf die Waage. Gustl war wahrscheinlich der erste Hund der Welt, der das ZRM kennengelernt hat!

So richtig mit Ressourcen-Bild und Motto-Ziel?

Maja: Selbstverständlich! Aber so genau wollt ihr das gar nicht wissen...

Selbstverständlich wollen wir das wissen!

Maja: Na dann: Der Gustl rutschte damals dauernd auf dem Hintern herum. Verstopfte Analdrüsen, erkannte der Tierarzt, die muss man reinigen und ausdrücken. Gustl fand das alles andere als großartig. Zu viert mussten wir ihn festhalten, während das übelriechende Sekret durch die Gegend spritzte. Die Prozedur war für alle Beteiligten höchst unangenehm. Als Gustl später erneut mit der Rutscherei loslegte, wollte ich das Problem ohne Tierarzt und möglichst sanft lösen; doch Gustl interpretierte meine angespannte Körperhaltung jeweils richtig und machte sich blitzartig aus dem Staub.

Trotzdem konntest du ihn dann irgendwie überzeugen und auf ihn zugehen?

Maja: ... und zwar mit Füßen, die in den Schuhen eines Wanderers stecken, der in die Berge zieht – das ist mein Bild, passend zum Motto-Ziel: *Mit festem Schritt tue ich Gutes.* Damit habe ich meine Haltung so klar verändert, dass Gustl gar nicht mehr auf die Idee kam, sich zu widersetzen.

Vera: Könnte es sein, dass du auch vor vier Jahren an Gustl gedacht hast? Damals hatte ich im Rahmen deines Workshops die Idee formuliert, das ZRM bei Hundehaltern anzuwenden.

Maja: Ich erinnere mich noch sehr gut: Das war der Moment, als ich spontan vorschlug, wir sollten gemeinsam ein Buch über ZRM für Hundemenschen schreiben. Selbstverständlich kam mir dabei auch wieder die Sache mit den Analdrüsen in den Sinn. Gustl hat mich gelehrt, wie zielführend es ist, ein starkes Bild zu haben und das passende Motto-Ziel zu bauen. Ich wusste ja: Da müssen wir durch – und am Ende war es gut für uns beide.

Auch Steve kümmert sich – neben all den Hunden, die ihm als Trainer anvertraut werden – um drei eigene Hunde.

Steve (grinst): Eine Frau und zwei Kinder kommen auch noch dazu!

Welchen Einfluss hatte die Arbeit an diesem Buch auf das Familienleben mitsamt Hunden?

Steve: Da standen zunächst einmal Fluffy und Streusel im Fokus – zwei Brüder, Straßenhunde, die wir aus Griechenland zu uns geholt hatten. In unserer Familie ging es, als die Hunde zu uns stießen, wieder mal so richtig drunter und drüber, und vor allem Fluffy spiegelte unglücklicherweise die Hektik, die ich ausstrahlte. Diese Energie sprang sofort über auf seinen Bruder Streusel. Da genügte schon ein geringfügiger Anlass, dass die beiden aufeinander losgingen.

Und dann tauchte Vera auf – und mit ihr kam das ZRM zu euch ...

Steve: Ich habe das natürlich nicht so strukturiert hingekriegt, wie sie das macht. Aber einiges von dem, was hängen geblieben ist, konnte ich umsetzen: Wir haben zum Beispiel mit A- und B-Situationen gearbeitet; wir haben gelernt, frühzeitig zu erkennen, wenn eine Eskalation droht – und konnten proaktiv vorbeugen. Das funktioniert nicht nur bei den Hunden, ZRM wirkt genau so auch bei unseren Kindern.

Kinder und Hunde: Ist es nicht bemerkenswert, wie gnadenlos ehrlich beide aus dem Bauch heraus agieren und reagieren?

Maja: Das Bauchgefühl steuert die Körpersprache – eine Sprache, die Kinder und Hunde am besten verstehen. Die Arbeit an diesem Buch hat meine Beobachtungsgabe geschärft. Noch deutlicher ist mir bewusst geworden, wie sensibel Hunde kommunizieren. Zum Beispiel unser Simon, Gustls Nachfolger, mittlerweile bereits der dritte Mastino in unserem Haus, kann nicht nur riechen, wenn jemand Angst hat, er merkt auch, wenn etwa der Heizungsmonteur reinkommt und nur so tut, als fürchte er sich nicht.

So ein Mastino kann einen mit seiner schieren Größe ja auch ganz schön beeindrucken.

Maja: Er ist groß genug, dass er, wenn wir am Essen sind, seinen Kopf mitsamt sabbernden Lefzen auf die Tischplatte legen kann. Das geht natürlich nicht. Aber selbst wenn er den Tisch freigibt, bleibt er neben dir – und einen Mastino, der dich beobachtet, kannst du nicht ignorieren!

Zureden hilft da wohl auch nicht weiter.

Maja: Der Zufall hat weitergeholfen! Ich habe gedankenlos einen Stuhl leicht zur Seite gerückt – und Simon hat auf meine entsprechende Körperhaltung unmittelbar reagiert, rechtsumkehrt gemacht und sich verkrümelt. Es ist eine Barriere entstanden, die ihn erkennen ließ: Das hat eh keinen Zweck hier, ich krieg ja doch nix – also leg ich mich halt wieder in mein Körbchen.

Was hat das mit ZRM zu tun?

Maja: Das fällt unter das Thema Embodiment. Mit dem Zurechtrücken des Stuhls verbindet der Hund meine Körperhaltung. Sie sagt ihm: Bis hierher und nicht weiter!

Es gibt einen Hund, der schon lange nicht mehr unter uns und doch dauernd präsent ist. Vera hat dieses Buch diesem Hund gewidmet …

Vera: Pepe – mit ihm hat alles angefangen, er hat sich im Laufe von sechzehn Jahren als großer Lehrmeister erwiesen. Aber das konnte ich damals, vor einem Vierteljahrhundert, natürlich noch nicht wissen, als dieser pechschwarze Prachtkerl, halb Chow-Chow, halb Labrador, in mein Leben kam. Er war jung und wild, eigenwillig und renitent – und ich fühlte mich überfordert. Ich glaubte, zu verzweifeln – und merkte nicht, dass eigentlich Pepe derjenige war, den ich mit meinen unklaren Signalen an den Rand der Verzweiflung brachte. Das ging so lange, bis ein Hundetrainer lediglich mit seiner Präsenz das Wunder vollbrachte: Von einem Moment auf den anderen war Pepe wie ein umgedrehter Handschuh – zahm wie ein Lamm.

Der Mann muss ein ZRM-Meister gewesen sein …

Vera: Tatsächlich geschah das alles in der Zeit, als du, Maja, das ZRM erfunden hast. Aber das konnte der Hundetrainer ja nicht wissen – er hat es einfach verstanden, die feinen Nuancen in der Körpersprache von Pepe zu erkennen und selbst eine entsprechend klare Haltung einzunehmen.

Es geht also auch ohne ZRM …

Vera: Das ZRM ist eine Hilfe, sozusagen der Schlüssel, das Login zu dieser Kommunikation. Ich habe ja zuvor schon geahnt, dass es eine Möglichkeit geben muss, die Fähigkeiten zu erwerben, über welche dieser Mann von Natur aus verfügte. Die Geschichten in unserem Buch machen deutlich, wie klein die Nuancen in unserer inneren Haltung sind, die das Verhalten des Hundes beeinflussen – und wie groß die Veränderungen, die sich einstellen, wenn die Basis von Verständnis und Vertrauen stimmt. Das ist das Geheimnis des ZRM, und daraus ergeben sich zwei wesentliche Erkenntnisse. Der Hund spiegelt dich sehr präzise; er ist sozusagen ein Millimeter-Spiegel. Und vor allem: Man kann innere Haltung lernen; es ist ganz einfach.

Pepe hat eine Nachfolgerin: Youma. Wie hat sich die intensive Auseinandersetzung mit dem ZRM für Menschen und Hunde auf die Beziehung zu deiner Hündin ausgewirkt?

Vera: Ganz ehrlich: Umwerfend neue Erkenntnisse haben sich nicht ergeben. Aber klar ist auch, dass Youma in meinem Leben noch mehr Raum bekommen hat; darüber hinaus ist meine Lust, mit ihr diesen Raum zu teilen, noch viel größer geworden. Youma zeigt mir, dass sie das merkt. Und deutlicher denn je ist mir die Tragweite der Verantwortung bewusst geworden, die man übernimmt, wenn man sich für einen Hund entscheidet.

Das Buch erscheint zu einem Zeitpunkt, der die Frage „Zufall oder Fügung?“ aufwirft: Als Vera die Resultate ihrer Recherchen zusammenfasste, hat das Corona-Virus eine Pandemie in die Welt gebracht, die mit Lockdown und Homeoffice verbunden war. Da ist manch einer auf die Idee gekommen, Einsamkeit und Langeweile mit einem Freund zu teilen.

Steve: Es gibt sie tatsächlich – die Corona-Hunde. Während des Lockdowns im Frühling 2020 war das Gassigehen ganz offiziell ein legitimer Grund, die Wohnung zu verlassen. Viele legten sich einen Hund zu, um einfach mal an die frische Luft gehen zu können. Dadurch haben vor allem Junghunde ein Defizit in ihrer Entwicklung erlitten: In der pandemischen Ausnahmesituation konnten sie keine normale Sozialisierung erleben, sie befanden sich unablässig in menschlicher Gesellschaft; weil auch Hundeschulen geschloßen waren, hatten sie keine Chance, sich mit Artgenossen auseinanderzusetzen.

Vera: Die Zeit ist reif für dieses Buch. In derlei Ausnahmesituationen werden Hunde zu besonders wichtigen Begleitern. Sie haben die Fähigkeit, ihre Pfoten auf Punkte zu legen, die uns weiterführen im Leben.

Wie meinst du das?

Vera: Eines zeigen die geschilderten Fallbeispiele in aller Deutlichkeit: Es geht um Menschen, die auf ihrem Lebensweg eine neue Richtung einschlagen – eine Richtung, die sie weiterbringt, die ihnen guttut. Und es geht um Hunde, die genau das spiegeln: Wenn ich ruhiger werde, wird auch der Hund ruhig; wenn ich mich sicher fühle, strahlt auch mein Hund Sicherheit aus.

Maja: Kommt hinzu, dass Einsamkeit insbesondere für alleinlebende Menschen zu einem großen Thema geworden ist. In der Pandemie – das belegen wissenschaftliche Studien – sind Haustiere, die man streicheln kann, enorm heilsam. Hunde und Katzen wirken wie chemiefreie Psychopharmaka. Allein schon, wenn sie friedlich in einer Ecke vor sich hin schnarchen, baut der Mensch Stress ab: Der Puls geht runter, und es werden jede Menge Glückshormone ausgeschüttet.

Als die Pandemie-Maßnahmen gelockert wurden, war plötzlich keine Zeit mehr für die Retter aus der Einsamkeit. Vernachlässigte Hunde vereinsamen – oder landen im Heim.

Maja: Wer sein neu erworbenes Haustier ins Heim bringt, weil er zu bequem ist, sich zu kümmern, ist herzlos und macht sich des Missbrauchs schuldig. Solche Menschen sollten sich einen Bildschirm mit Kaminfeuer-Endlosschleife anschaffen. Anders verhält es sich bei Menschen, die einfach nur glauben, ihre Tiere weggeben zu müssen, weil sie sich den Herausforderungen nicht gewachsen fühlen, die mit der Anschaffung eines Hundes verbunden sein können. Sie fühlen sich überfordert und sind der Verzweiflung nahe. Diesen Menschen kann das ZRM helfen.

Der Reiseführer für beste Freunde hat den Charakter eines gelungenen Experiments: Vera wollte den Beweis erbringen, dass das ZRM, von Maja als Selbstmanagement-Training für Menschen konzipiert, auch Hunden zugutekommen kann. Habt ihr mit diesem Erfolg gerechnet?

Steve: Ehrlich gesagt: Ja. Ich bin nicht überrascht. Ich erinnere mich an einen Kunden – ein ziemlich spezieller Mensch, ein Hüne, mehr als zwei Meter lang, mindestens 150 Kilo schwer, Tattoos von Kopf bis Fuß, ein Rocker mit Knasterfahrung. Er hatte eine schwierige Hündin zu sich genommen, aber offenkundig null Ahnung von Hunden. Andererseits hatte der Typ eine innere Reife: Nichts, aber auch gar nichts konnte ihn aus der Ruhe bringen. Die Folge: Das Problem hatte sich von selbst gelöst, weil die Hündin einen Menschen hatte, der authentisch, souverän und mit sich selbst im Reinen war. Nach dieser Erfahrung ist der Erfolg unseres ZRM-Experiments für mich keine Überraschung mehr.

Maja: Mir ist es ganz anders ergangen. Als Vera mit der Arbeit begonnen und mir die ersten Mensch-Hund-Fälle geschildert hat, dachte ich zunächst: Uiuiui – das sind echt krasse Themen, das ist Hardcore, wenn das nur gut geht. Und dann sah ich schon sehr bald, wie rasch und wie positiv sich das Coaching entwickelte. Es war einfach unglaublich – und das Resultat hat mich mehr als überrascht: Ich war entzückt, und ich kann es nicht anders sagen: Ich war geflasht!

Was hat dich denn so überwältigt?

Maja: Die Beziehung zwischen Mensch und Hund soll und darf durchaus eigenartig und auch einzigartig sein – so wie bei Steves Rocker; und die Eigenart ist das zentrale Momentum des Zürcher Ressourcen Modells.

Vera: Genau: Eigenart, Souveränität und Authentizität sind drei Begriffe, die gut zu den drei Buchstaben ZRM passen. Und dann gibt es noch jene drei Worte, die mich bei der Arbeit mit den ZRM-Bildern immer wieder tief berühren: Sehr oft, wenn eine Person ihre Bilder gewählt hat, höre ich: Das bin ich! Und genau darum geht es.

Gut gebellt, Dani! Das Autoren-Trio dankt Veras Lebenspartner für seinen sprachkompetenten Einfluss auf dieses Buch.

DIE AUTORINNEN UND DER AUTOR

Vera Bürgi

Geb. 1967, ist ZRM-Coach, ZRM-Trainerin und Kinesiologin. Seit 2003 engagiert sie sich bei der Organisation OceanCare für den Schutz der Meere. Die Inspiration zum Buch „Mensch, Hund!" kam von Pepe, ihrem ebenso widerspenstigen wie liebenswerten Chow-Labrador-Rüden, der ihr in vielerlei Hinsicht zum Lehrmeister geworden ist. Die Arbeit mit dem Zürcher Ressourcen Modell entspricht ihr zutiefst. Es macht sie glücklich, Menschen zu begleiten und dabei zu erleben, wie sie ihr ureigenes Wesen zum Strahlen bringen.

www.zrm-mensch-hund.ch

Maja Storch

Dr. phil., Diplom Psychologin, Psychoanalytikerin
Geb. 1958, ist Inhaberin und wissenschaftliche Leiterin des Instituts für Selbstmanagement und Motivation Zürich (ISMZ), einem Spin-off der Universität Zürich. Zusammen mit Dr. Frank Krause hat sie das Zürcher Ressourcen Modell ZRM® entwickelt, ein wissenschaftlich fundiertes Selbstmanagement-Training. Ihre Arbeitsschwerpunkte sind Motivation, Persönlichkeitsentwicklung, Selbstmanagement, Ressourcenaktivierung, Training und Coaching.
Sie ist C-Kirchenmusikerin und Organistin und versieht regelmäßig Orgeldienst in ihrer Kirchengemeinde.

Zu ihren Themen hat sie zahlreiche wissenschaftliche und populärwissenschaftliche Publikationen verfasst. Sie ist Herausgeberin der ZRM-Bibliothek im Hogrefe Verlag.

www.majastorch.de www.ismz.ch www.zrm.ch

Steve Lautz

Geb. 1979, ist DOGS Coach, Inhaber der Hundeschule Martin Rütter DOGS Wil / St. Gallen und Dozent bei Martin Rütter in Bonn. In seiner ersten beruflichen Tätigkeit als Direktor Entwicklung und Personal bei einem internationalen Unternehmen sammelte er viel Erfahrung im Umgang mit Menschen. Doch die Hunde waren sein Ruhepol. Ihnen zuliebe tauschte er Anzug und Krawatte gegen Outdoor-Kleidung. Mit dem ZRM fand er ein Element, das seine beiden beruflichen Welten verbindet. Die Arbeit an diesem Buch hat ihn erkennen lassen, wie es ihm und seinen Mitarbeitenden gelingen kann, noch individueller auf jedes einzelne Mensch-Hund-Team einzugehen.

www.martinruetter.com/wil

Das Zürcher Ressourcen Modell praktisch erleben

ZRM-Einzelcoaching und ZRM-Workshop mit Vera Bürgi
www.zrm-mensch-hund.ch

ZRM-Theorieknochen-Vortrag von Maja Storch
www.ismz.ch

ZRM-Weiterbildung für Hundetrainerinnen und Hundetrainer
www.ismz.ch